MATLAB

在日常计算中的应用

◎杜树春 编著

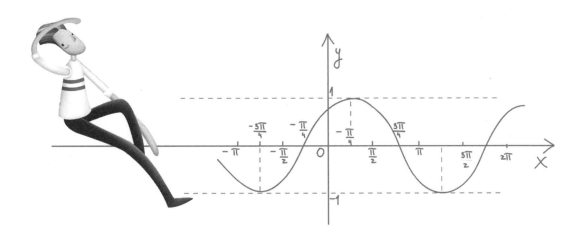

清华大学出版社

北京

<h1 style="text-align:center">内 容 简 介</h1>

本书内容由大量的 MATLAB 计算实例组成。全书共分 11 章,第 1 章介绍 MATLAB 基础知识,第 2 章介绍多项式处理,第 3 章介绍 MATLAB 绘图,第 4 章介绍复数运算,第 5 章介绍矩阵计算,第 6 章介绍解多元一次线性方程组,第 7 章介绍解一元 N 次方程(上),第 8 章介绍解一元 N 次方程(下),第 9 章介绍超越方程及非线性方程,第 10 章介绍用图像法解实系数一元 N 次方程,第 11 章介绍用图像法解实系数 N 元一次方程组。

本书适合四类读者阅读或参考:一是学习 MATLAB 课程的理工科大、中专及高等职业学校、中等职业学校的在校学生;二是广大工程技术、科研人员;三是数学爱好者;四是从事文秘工作的人员。

本书通俗易懂,图文并茂,资料丰富,实用性强,既适合初学者,也适合有一定 MATLAB 基础的爱好者及专业技术人员。

图书在版编目(CIP)数据

MATLAB 在日常计算中的应用/杜树春编著. —北京:清华大学出版社,2018
ISBN 978-7-302-50314-9

Ⅰ. ①M⋯ Ⅱ. ①杜⋯ Ⅲ. ①计算机辅助计算—Matlab 软件 Ⅳ. ①TP391.75

中国版本图书馆 CIP 数据核字(2018)第 114970 号

责任编辑:文　怡
封面设计:台禹微
责任校对:梁　毅
责任印制:董　瑾

出版发行:清华大学出版社
　　　　　网　　　址:http://www.tup.com.cn,http://www.wqbook.com
　　　　　地　　　址:北京清华大学学研大厦 A 座　　　　　　　　**邮　　编:**100084
　　　　　社 总 机:010-62770175　　　　　　　　　　　　　　　**邮　　购:**010-62786544
　　　　　投稿与读者服务:010-62776969,c-service@tup.tsinghua.edu.cn
　　　　　质量反馈:010-62772015,zhiliang@tup.tsinghua.edu.cn
　　　　　课件下载:http://www.tup.com.cn,010-62795954
印 装 者:三河市国英印务有限公司
经　　销:全国新华书店
开　　本:185mm×260mm　　　　**印　张:**16　　　　　**字　　数:**390 千字
版　　次:2018 年 9 月第 1 版　　　　　　　　　　　　　　**印　　次:**2018 年 9 月第 1 次印刷
定　　价:49.00 元

产品编号:079736-01

FOREWORD

　　我们在日常生活中，经常会遇到一些计算题，最简单的计算题用口算就解决了，稍微难一点的可以用电子计算器、手机或计算机中的计算器。计算机中的计算器如图1所示。

图 1　计算机中的计算器

　　计算机中的计算器只能计算四则运算、倒数及开/平方。再复杂一些的计算题，可以用科学计算器，如图2所示。

图 2　科学计算器

　　这个计算器又增加了指数、对数及三角函数等的计算功能。如果这个计算器还不够用，那就可以用 MATLAB 软件。

　　MATLAB 是在计算机中使用的计算软件。它是一种集计算、可视化和编程等功能于一身的高效的工程计算软件。只有你想不到的，几乎没有它不能算的。这种软件入门极易，深造也不难，会用计算器就会用这种软件。

介绍一种高级语言的常用方法是举例,本书由大量的 MATLAB 计算实例组成。

本书共分 11 章,第 1 章介绍 MATLAB 基础知识,第 2 章介绍多项式处理,第 3 章介绍 MATLAB 绘图,第 4 章介绍复数运算,第 5 章介绍矩阵计算,第 6 章介绍解多元一次线性方程组,第 7 章介绍解一元 N 次方程(上),第 8 章介绍解一元 N 次方程(下),第 9 章介绍超越方程及非线性方程,第 10 章介绍用图像法解实系数一元 N 次方程,第 11 章介绍用图像法解实系数 N 元一次方程组。

电子资料包的内容,仍以书中章节为单位。在几乎每一章(有几章没有)下,都有 1 个章文件夹,每章下面有(例 N.1)、(例 N.2)……例文件夹,例文件夹内是这个例子的名称,打开名称文件夹,就是扩展名为"m"的 M 文件。在 MATLAB 软件已安装在计算机中的前提下,把 M 文件复制到 MATLAB 命令窗口,可直接执行。使用 M 文件的另一种方法是通过"x:存放 M 文件的文件夹"命令,把存放 M 文件的文件夹置于 MATLAB 的可搜索路径中。这样,在命令窗口就可以重新编辑或直接执行这些 M 文件了。

本书所用 MATLAB 版本是 R2015a,这不是最新版本。其实每个新版本与旧版本相比,大多数只有细节处的一些改进。如果只作一般的计算,用近几年的任何一个版本都可以。

MATLAB 是全世界科技人员都在使用的计算或绘图工具。科技人员和办公室的文秘人员都需要掌握它,因为它可以很方便地提供诸如画饼状图、直方图等的方法。

在编写本书过程中,参考了国内许多优秀图书(这些已列在书末的参考文献中),也得到了清华大学出版社的帮助。在此,向以上单位和个人表示衷心感谢。

由于编著者水平有限且时间仓促,书中难免存在缺点,恳请读者批评指正。联系邮箱为 dushuchun@263.net。

编著者

2018 年 6 月

CONTENTS

第1章

MATLAB基础知识

MATLAB 语言是一种高效的工程计算语言,它将计算、可视化和编程等功能集于一身。MATLAB 这个词源于"矩阵实验室"(matrix laboratory),它是以解决矩阵计算问题的子程序为基础发展起来的一种开放性程序设计语言。MATLAB 软件是美国 MathWorks 公司发布的商业数学软件,用于算法开发、数据可视化、数据分析以及数值计算的高级技术计算语言和交互式环境,主要包括 MATLAB 和 Simulink 两大部分。

1.1 MATLAB 的发展历程

20 世纪 80 年代初,MATLAB 的创始人 Cleve Moler 博士在美国新墨西哥州大学讲授线性代数课时发现采用高级语言编写程序很不方便,为了减轻学生编程的负担,他构思并开发了 MATLAB 软件。

经过几年试用,MATLAB 软件的公开版本于 1984 年正式推出。同年,Cleve Moler 和 John Little 成立了 MathWorks 公司,发布 MATLAB 的 DOS 版本 1.0。

1992 年 MathWorks 公司推出了具有划时代意义的 MATLAB 4.0 版本。1999 年推出 MATLAB 5.3 版本,2000 年推出 MATLAB 6.0 版本,2004 年推出 MATLAB 7.0 版本。此后,MathWorks 公司发布 MATLAB 版本几乎形成一个规律,每年的 3 月和 9 月分别推出当年的 a 版本和 b 版本。例如,2012 年的两个版本就是 MATLAB 2012a 和 2012b。目前的较新版本是 R2016a。本书的 MATLAB 软件解题实例都是在 R2015a 版本下完成的。

1.2 MATLAB 的特点

MATLAB 语言具有不同于其他高级语言的特点,被称为第四代计算机语言,其最大的特点是简单和直接。正如第三代计算机语言(如 C 语言和 Fortran 语言)使人们摆脱对计算机硬件的操作一样,MATLAB 语言使人从烦琐的程序代码中解放出来,它包含丰富的函

数,开发者无须重复编程,只要简单地调用或使用即可。MATLAB 语言的主要特点:

(1) 编程效率高。MATLAB 语言是一种面向科学与工程计算的高级语言,允许以数字形式的语言编写程序,与 BASIC、Fortran 和 C 等语言相比,更加接近速写计算公式的思维方式,用 MATLAB 语言编写程序就像在演算纸上排列公式与求解问题。因此,也称 MATLAB 语言为演算纸式科学算法语言,它编程简单、高效,易学易用。

(2) 使用方便。MATLAB 语言是一种解释执行的语言,灵活、方便,调试程序手段丰富,调试速度快。

(3) 扩充能力强,交互性好。高版本的 MATLAB 具有丰富的库函数,在进行复杂数学运算时可以直接调用,而且 MATLAB 的库函数与用户文件在形式上一样,所有用户文件也可作为 MATLAB 的库函数调用。因而,用户可以根据自己的需要方便地建立和扩充新的库函数,提高 MATLAB 的使用效率和扩充它的功能。

(4) 语句简单,函数丰富。MATLAB 语言中最基本、最重要的成分是函数,其一般形式为

$$[a,b,c,\cdots]=fun(d,e,f,\cdots)$$

即一个函数由函数名、输入变量和输出变量组成。对于同一函数名 fun,不同数目的输入变量及不同数目的输出变量,代表着不同的含义。

(5) 高效、方便的矩阵和数组运算。因为 MATLAB 软件最早是用于处理矩阵的,因此矩阵运算的功能特别强大。

(6) 便捷、强大的绘图功能。MATLAB 软件的绘图功能十分强大,它有一系列的绘图函数(命令),光绘图的坐标就有线性坐标、对数坐标、半对数坐标和极坐标等,只需调用不同的绘图函数(命令),即可在图上标出图题、XY 轴标注、格(栅)绘制需要调用相应的命令,简单易行。另外,在调用绘图函数时调整自变量可以绘出不同颜色的点、线、复线或多重线。

(7) 功能强大、简捷的工具箱。MATLAB 软件提供了许多面向应用问题求解的工具箱函数,从而大大方便了各个领域专家学者的使用。目前,MATLAB 软件提供的工具箱包括信号处理、最优化、神经网络、图像处理、控制系统、系统识别、模糊系统和小波等。

(8) 移植性好、开放性好。MATLAB 软件是用 C 语言编写的,而 C 语言具有良好的可移植性,因此 MATLAB 可以很方便地移植到能运行 C 语言的操作平台上,适合 MATLAB 的工作平台有 Windows、UNIX、Linux、VMS6.1、PowerMac。

1.3　MATLAB 的桌面操作环境

启动 MATLAB 后,就进入 MATLAB 的默认界面了。如图 1-1 所示是 MATLAB R2015a 版的界面。

由图 1-1 可见,MATLAB 的默认界面由 Current Folder(当前目录)、Command History (命令历史)、Workspace(工作空间)和 Command Window(命令窗口)4 个窗口组成。

(1) 命令窗口。这是一个重要窗口,一切 MATLAB 命令都在这个窗口输入,运行结果也在这个窗口显示。单击命令窗口右上角的上箭头符号,命令窗口可以单独显示出来,如

图 1-2 所示。这个窗口有计算器功能,输入"3＋2"再按 Enter 键,"ans＝"后就显示其结果"5"。

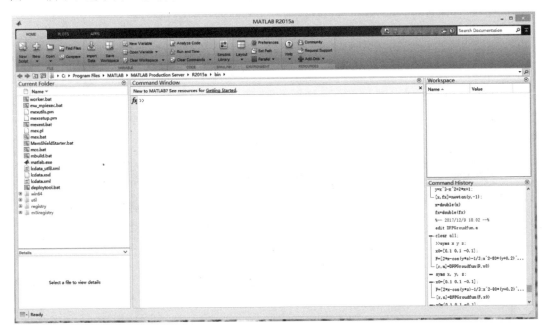

图 1-1　MATLAB 的默认界面

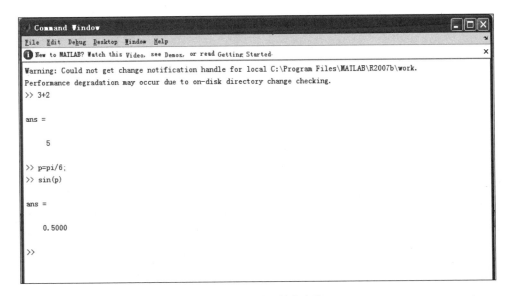

图 1-2　MATLAB 的命令窗口

我们再计算一个稍微复杂一些的公式,如输入"p＝pi/6;sin(p)",按 Enter 键后将显示"ans＝0.5000"。这里 pi 代表圆周率 π,$\sin(\pi/6)=0.5$。

注意:当命令后面有分号时,按 Enter 键后,命令窗口中不显示运算结果;如果无分号,则在命令窗口中显示运算结果。

(2)命令历史窗口。此窗口是执行过的命令的历史记录窗口,有执行命令的日期和时间。想再次执行时,可把它们复制到命令窗口。

（3）当前目录窗口。在当前目录窗口中可显示或改变当前目录，还可以显示当前目录下的文件，还有搜索功能，该窗口也可以成为一个独立的窗口。

（4）工作空间窗口。MATLAB工作空间主要用于存储、管理和删除相应的变量。

除了这4个窗口外，还有一个M文件编辑调试窗口（MATLAB Editor）。M文件编辑调试窗口平时看不见，当你要编辑M文件时，在命令窗口输入"edit 文件名. m"之后，按Enter键，如果曾经编辑过具有该文件名的文件，该文件就会在M文件编辑调试窗口显示出来。要是从来没有编辑过具有该文件名的文件，屏幕就会出现一个空白的M文件编辑调试窗口，如图1-3所示。

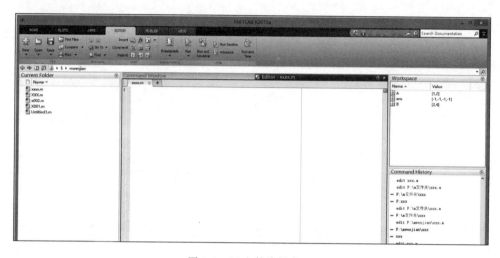

图1-3　M文件编辑窗口

1.4　MATLAB的常量和变量

1. 变量

与其他计算机语言一样，MATLAB语言也有自己的一套基本数据类型，包括常量、变量、数值、字符和结构体。但与其他语言不同的是，MATLAB语言并不要求事先对所使用的变量进行声明，也不需要指定变量的类型。MATLAB语言会自动根据所赋予变量的值或对变量所进行的操作来识别变量的数据类型。如果在赋值中赋值变量已经存在，则MATLAB会用新值代替旧值，并以新值的数据类型代替旧值的数据类型。MATLAB变量名必须是一个单一的词，不能包含空格，变量名是区分大小写的，变量名必须从一个字母开始，变量名的字符串长度可以任意长，但只有前31个字符起作用。

除此之外，MATLAB有一些关键保留字，不能作为变量名，如for、end、if、while、function、return、elseif、case、otherwise、switch、continue、else、try、catch、global、persistent、break等。当用户不小心使用这些保留字作为变量名时，MATLAB会发出一条错误信息。

2. 常量

MATLAB也提供了一些特殊意义的常量，如表1.1所列。

表 1.1 MATLAB 常量表

常 量	描 述
ans	结果的默认变量名
beep	使计算机发出"嘟嘟"声
pi	圆周率
eps	浮点数相对误差限
inf	无穷大,如 0/0
NaN 或 nan	不定数,即结果不能确定,如 0/0
i 或 j	表示 $\sqrt{-1}$
nargin	函数输入参数个数
nargout	函数输出参数个数
realmin	最小正浮点数值
realmax	最大正浮点数值
bitmax	最大正整数
varargin	可变的函数输入参数个数
varargout	可变的函数输出参数个数

在 MATLAB 编程时,定义变量应尽量不要与以上常量名重复,以免改变这些常数的值。如果不小心定义变量和常数同名,改变了某个常量的值时,它原来特定的值就丢掉了。恢复原来特定值的途径有两种:一是重启 MATLAB 系统;二是对被覆盖的值执行 clear 命令,如图 1-4 所示。图中 pi 代表圆周率 π,其数值为 3.1416。

```
>> pi

ans =

    3.1416

>> pi=2

pi =

    2

>> clear pi
>> pi

ans =

    3.1416
```

图 1-4 常量值的修改和恢复

1.5 MATLAB 命令窗口应用例子

MATLAB 的命令窗口是用户和 MATLAB 软件打交道的主要窗口,窗口内可以执行两种类型的命令:一类是 MATLAB 的通用命令;另一类是程序命令。

1. MATLAB 的通用命令

（1）通用命令是 MATLAB 中经常使用的一组命令，这些命令可以用来管理目录、命令、函数、变量、工作空间、文件和窗口。常用的通用命令有：

cd——显示或改变当前的工作目录。

dir——显示当前目录或指定目录下的文件。

clc——清除工作空间中的所有显示信息。

home——将光标移至命令窗口的最左上角。

clf——清除图形窗口。

clear——清理内存变量。

exit——退出 MATLAB。

quit——退出 MATLAB。

path——显示搜索目录。

version——显示当前所用 MATLAB 软件版本号。

↑——显示上一行。

↓——显示下一行。

help——获取在线帮助。

（2）通用命令使用实例。

① 查询当前所用 MATLAB 软件版本号。

```
>> version
ans =
8.5.0.197613(R2015a)
```

这表明当前所用 MATLAB 软件版本号为"8.5.0.197613(R2015a)"。

② 显示当前的工作目录。

```
>> cd
C:\Program Files\MATLAB\MATLAB Production Server\R2015a
```

③ 显示当前的工作目录的文件。

```
>> dir
.                   lcdata.xsd            mcc.bat                    mexutils.pm
worker.bat
..                  lcdata_utf8.xml       mex.bat                    mw_mpiexec.bat
MemShieldStarter.bat m3iregistry          mex.pl                         registry
deploytool.bat       matlab.exe                 mexext.bat                  util
lcdata.xml           mbuild.bat            mexsetup.pm               win64
...
```

④ 获取在线帮助。

```
help
HELP topics:
matlab/general              - General purpose commands.
matlab/ops                  - Operators and special characters.
```

```
matlab/lang                          – Programming language constructs.
...
```

⑤ 获取符号 sqrt 的帮助。

```
>> help sqrt
sqrt Square root.
    sqrt(X) is the square root of the elements of X. Complex
    results are produced if X is not positive.
    See also sqrtm, realsqrt, hypot.
    Other functions named sqrt
    Reference page in Help browser
        doc sqrt
```

2. MATLAB 的程序命令

在 MATLAB 的命令窗口,大多数情况下是在执行用户程序,这里既包括仅仅一行的程序或命令,也包括多行的程序。以下是几个简单的编程例子。

(1) 显示现在的日期时间。

输入以下命令:

```
>> clock
ans =
    1.0e + 003 *
    2.0180    0.0010    0.0060    0.0150    0.0200    0.0267
```

这表明,现在的日期时间为 2018-1-6,15:20:26.7。

(2) 显示现在的日期。

输入以下命令:

```
>> date
ans =
06 – Jan – 2018
```

这表明,现在的日期为 2018-1-6。

(3) 计算当 $x=0.5$ 时,函数 $y=x^3+2x^2+3x-5$ 的值。

输入以下命令:

```
>> x = 0.5;
>> y = x ^ 3 + 2 * x ^ 2 + 3 * x - 5
y =
    - 2.8750
```

这表明,函数 $y=-2.8750$。

(4) 输入一个向量或数组。

```
>> x = [6 2 8 4 5]
x =
    6    2    8    4    5
```

这表明,数组 x 包括 5 个数,6,2,8,4,5。

(5) 输入一个从 1 开始连续的 10 个自然数组成的向量或数组。

输入以下命令：

```
>> x = 1:1:10
x =
     1   2   3   4   5   6   7   8   9   10
```

这表明，数组 x 包括 10 个数：1,2,3,4,5,6,7,8,9,10。

(6) 输入一个 3×3 矩阵。

输入以下命令：

```
>> A = [1 2 3; 4 5 6; 7 8 9]
A =
     1   2   3
     4   5   6
     7   8   9
```

这表明，矩阵

$$\boldsymbol{A} = \begin{bmatrix} 1 & 2 & 3 \\ 4 & 5 & 6 \\ 7 & 8 & 9 \end{bmatrix}$$

(7) 计算 1+2+3+⋯+100＝?

输入以下命令：

```
sum = 0;
for i = 1:1:100
    sum = sum + i;
end
disp(sum)
```

执行后，显示值为

```
5050
```

这表明，1+2+3+⋯+100＝5050。

1.6 小结

本章介绍了 MATLAB 的发展历程、特点、桌面操作环境、常量和变量，以及命令窗口的若干实例。

第2章

多项式处理

多项式是一类最常见、最简单的函数,它的应用非常广泛。为了讨论的方便,先介绍数学中与多项式有关的几个代数术语。

有理式:只含有加、减、乘、除、乘方这几种运算的代数式称为有理式。例如,x,$3x^2-\frac{1}{2}x+4$,$\frac{x^2}{y}-a$ 等都是有理式,但 $\sqrt{x}$,$3x-\sqrt[3]{y}$ 等都不是有理式。

整式:如果有理式的任何一项都没有含字母的分母,这种有理式称为整式。例如,$8wz+x$,$3x^3-4x^2-\frac{1}{2}x+1$ 等。

单项式:只有一项的整式称为单项式。例如,x,$-17a^2b$,$12x^4y$ 等。

多项式:多于一项的整式称为多项式。例如,$2x^2-5$,$12x^4y+x+120$ 等。

分式:如果有理式中只是有一项带有含字母的分母,这种有理式称为分式。例如,$\frac{3x}{x+y}+x$,$3x^3-4x^2-\frac{3}{x}+1$ 等。

多项式的次数:在多项式里,次数最高的项的次数就是该多项式的次数。

2.1 多项式的创建

MATLAB 提供了专门的 poly2sym 函数用于多项式的创建。其调用格式如下。

(1) r=poly2sym(c):将数值向量 c 中的多项式转换成带符号变量的多项式(按次数的降幂排列),其中,默认的符号变量为 x。

(2) r=poly2sym(c,v):将数值系数向量 c 转换成符号变量为 v 的多项式。

【例 2.1】 创建多项式,x 为符号变量,多项式的系数为[1 3 2]。

解:在命令窗口,执行命令

```
>> syms r;
>> r = poly2sym([1 3 2])
r =
```

```
x^2 + 3 * x + 2
```

这表明,所创建的多项式为

$$r = x^2 + 3x + 2$$

【例 2.2】　创建多项式,y 为符号变量,多项式的系数为[1 2 3 4 5]。

解：在命令窗口,执行命令

```
>> syms r;
>> r = poly2sym([1 2 3 4 5],'y')
r =
y^4 + 2 * y^3 + 3 * y^2 + 4 * y + 5
```

这表明,所创建的多项式

$$r = y^4 + 2y^3 + 3y^2 + 4y + 5$$

2.2　多项式的因式分解

所谓多项式的因式分解,就是把一个多项式分解为不能再分的因式的乘积。它是乘积展开成多项式的逆过程。但是,不能再分的问题与所讨论的多项式系数的取值范围有关。

例如,讨论多项式

$$f(x) = x^4 - 4$$

的分解。如果系数限制为有理数,那么 $f(x)$ 可以分解成

$$f(x) = (x^2 - 2)(x^2 + 2)$$

如果系数限制为实数,那么 $f(x)$ 还可以分解成

$$f(x) = (x - \sqrt{2})(x + \sqrt{2})(x^2 + 2)$$

如果系数限制为复数,那么 $f(x)$ 还可以进一步分解成

$$f(x) = (x - \sqrt{2})(x + \sqrt{2})(x - \sqrt{2}\mathrm{i})(x + \sqrt{2}\mathrm{i})$$

因此,多项式的因式分解必须明确系数的范围。在以下的讨论中,系数限制为有理数。

常见的也是最基本的因式分解公式为

$$a^2 \pm 2ab + b^2 = (a \pm b)^2$$
$$a^3 \pm 3a^2b + 3ab^2 \pm b^3 = (a \pm b)^3$$
$$a^2 - b^2 = (a + b)(a - b)$$
$$a^3 \pm b^3 = (a \pm b)(a^2 \mp ab + b^2)$$
$$a^2 + b^2 + c^2 + 2ab + 2bc + 2ca = (a + b + c)^2$$

因式分解的方法很多,如提取公因法、分组分解法、公式法、十字相乘法等。

MATLAB 中,多项式的因式分解的命令是 factor。factor(X)对符号表达式 X 作因式分解。

【例 2.3】　将多项式 $f(x) = x^4 - 4$,作因式分解。

解：执行命令

```
>> syms x y
```

```
>> y = x ^ 4 - 4;
>> y = factor(y)
```

或

```
factor(x ^ 4 - 4)
```

得

```
y =
(x ^ 2 - 2) * (x ^ 2 + 2)
```

这表明

$$x^4 - 4 = (x^2 - 2)(x^2 + 2)$$

【例 2.4】 将多项式 $3ax + 4by + 4ay + 3bx$ 作因式分解。

解： 执行命令

```
>> syms x y a b
>> y = 3 * a * x + 4 * b * y + 4 * a * y + 3 * b * x;
>> y = factor(y)
```

得

```
y =
(3 * x + 4 * y) * (a + b)
```

这表明

$$3ax + 4by + 4ay + 3bx = (3x + 4y)(a + b)$$

2.3 乘积展开成多项式

乘积展开成多项式，它是因式分解的逆过程。例如，将乘积 $(a+b)^2$ 展开成多项式，结果为 $(a+b)^2 = a^2 + 2ab + b^2$。将乘积 $(a+b)(a-b)$ 展开成多项式，结果为 $(a+b)(a-b) = a^2 - b^2$。

MATLAB 中，乘积展开成多项式的命令是 expand。R= expand (S)对符号表达式 S 中因式的乘积进行展开计算。

【例 2.5】 对式 $(x+2)^5$ 进行展开。

解：

```
>> syms x
>> expand((x + 2)^5)
ans =
x ^ 5 + 10 * x ^ 4 + 40 * x ^ 3 + 80 * x ^ 2 + 80 * x + 32
```

这表明

$$(x + 2)^5 = x^5 + 10x^4 + 40x^3 + 80x^2 + 80x + 32$$

【例 2.6】 对式 $(x+y+z)^3$ 进行展开。

解：

```
>> syms x y z
>> expand((x + y + z)^3)
ans =
x^3 + 3*x^2*y + 3*x^2*z + 3*x*y^2 + 6*x*y*z + 3*x*z^2 + y^3 + 3*y^2*z
 + 3*y*z^2 + z^3
```

这表明

$$(x+y+z)^3 = x^3 + 3x^2y + 3x^2z + 3xy^2 + 6xyz + 3xz^2 + y^3 + 3y^2z + 3yz^2 + z^3$$

2.4 合并同类项——对多项式合并同类项

在多项式中，数字系数不同而字母因数相同的那些项称为同类项。只有同类项才能合并。例如，$4x^2y^5$ 和 $-\dfrac{1}{4}x^2y^5$ 是同类项，$-17a^3b^5$ 和 $\dfrac{1}{2}a^3b^5$ 也是同类项，但 $-4x^3y^2$ 和 $-3x^3y^5$ 却不是同类项。在解方程中，常遇到合并同类项的问题。

MATLAB 中，合并同类项的命令是 collect。

R＝collect(S)：按默认变量对多项式 S 合并同类项。

R＝collect(S,v)：按指定变量 v 对多项式 S 合并同类项。

【例 2.7】 对多项式 $(a+b)(a^2+b^2+1)$，合并含有 b 的项。

解：

```
>> syms a b
>> y = collect((a + b) * (a^2 + b^2 + 1),b)
y =
b^3 + a*b^2 + (a^2 + 1)*b + a*(a^2 + 1)
```

这表明

$$y = b^3 + ab^2 + (a^2+1)b + a(a^2+1)$$

【例 2.8】 对多项式 $3xy^2-2xy-7xy^2+4xy+1$，合并其同类项。

解：

```
>> syms x y
>> y = collect(3 * x * y^2 - 2 * x * y - 7 * x * y^2 + 4 * x * y + 1)
y =
 (2 * y - 4 * y^2) * x + 1
```

这表明

$$3xy^2 - 2xy - 7xy^2 + 4xy + 1 = (2y-4y^2)x + 1 = 2xy - 4xy^2 + 1$$

2.5 多项式加法(或减法)

多项式加法分两种情况:若两个多项式向量大小相同(即所包括的项数相同),则对应位相加即可;若两个多项式阶次不同,则低阶的多项式必须用首零填补,使其与高阶多项式有相同的阶次。

【例 2.9】 求两个多项式 $a(x) = x^3 + 2x^2 + 3x + 4$ 和 $b(x) = x^3 + 4x^2 + 9x - 15$ 之和。

解:

```
>> a = [1 2 3 4]
>> b = [1 4 9 -15]
>> d = a + b
a =
     1     2     3     4
b =
     1     4     9    -15
d =
     2     6    12    -11
```

这表明

$$a(x) + b(x) = (x^3 + 2x^2 + 3x + 4) + (x^3 + 4x^2 + 9x - 15) = 2x^3 + 6x^2 + 12x - 11$$

【例 2.10】 求两个多项式 $c(x) = x^6 + 6x^5 + 20x^4 + 19x^3 + 13x^2 - 9x - 60$ 和 $d(x) = 2x^3 + 6x^2 + 12x - 11$ 之和。

解:

```
>> c = [1 6 20 19 13 -9 -60]
>> d = [2 6 12 -11]
c =
     1     6    20    19    13    -9    -60
d =
     2     6    12    -11
>> e = c + [0 0 0 d]
e =
     1     6    20    21    19     3    -71
```

这表明

$$e(x) = c(x) + d(x) = x^6 + 6x^5 + 20x^4 + 21x^3 + 19x^2 + 3x - 71$$

2.6 多项式乘法

多项式乘法是求两个多项式的乘积。例如多项式 1 为 $x^2 + 1$,多项式 2 为 $x - 1$,则这两个多项式乘积为 $(x^2 + 1)(x - 1) = x^3 - x^2 + x - 1$。

MATLAB 中,计算多项式乘法的函数是 conv();调用格式是 w = conv(u, v)。其中 u、

v 各代表一个多项式。

【例 2.11】 求多项式 x^2+1 和多项式 $x-1$ 的乘积。

解：执行命令

```
C1 = [1 0 1];C2 = [1 −1];
C = conv(C1,C2)
```

得

```
C =
    1    −1    1    −1
```

这表明

$$(x^2+1)(x-1) = x^3 - x^2 + x - 1$$

【例 2.12】 求多项式 x^3+2x^2+3x+4 和多项式 $4x^2+5x+6$ 的乘积。

解：执行命令

```
C1 = [1 2 3 4];C2 = [4 5 6];
C = conv(C1,C2)
```

得

```
C =
    4    13    28    43    38    24
```

这表明

$$(x^3+2x^2+3x+4)(4x^2+5x+6) = 4x^5+13x^4+28x^3+43x^2+38x+24$$

2.7　多项式除法

多项式除法是求两个多项式的商。正如两个任意数相除不一定能除尽，两个多项式相除也不一定能除尽。因此，两个多项式相除不仅有商多项式，当除不尽时还有余多项式。

例如，$f(x)=2x^4+4x^2-5x+6$，$g(x)=x^2-3x+1$，$f(x)$ 为被除多项式，$g(x)$ 为除多项式，相除的结果，得商多项式为 $2x^2+6x+20$，余式为 $49x-14$。即

$$f(x) = (2x^2+6x+20)g(x) + (49x-14)$$

MATLAB 中，计算多项式除法的函数是 deconv()；调用格式是[q,r] = deconv(u,v)。其中 u、v 各代表一个多项式的系数，u 是被除数，v 是除数。q 是多项式相除所得商多项式系数，r 是多项式相除所得余式系数。

【例 2.13】 求多项式 $f(x)=2x^4+4x^2-5x+6$ 除以多项式 $g(x)=x^2-3x+1$ 所得商和余多项式。

解：执行命令

```
C = [1 −3 1];D = [2 0 4 −5 6];
[q,r] = deconv(D,C)
```

得

```
q =
     2    6    20
r =
     0    0    0    49   -14
```

这表明

$$(2x^4 + 4x^2 - 5x + 6)/(x^2 - 3x + 1) = 2x^2 + 6x + 20$$

余式为

$$49x - 14$$

【例 2.14】 求多项式 $6x^5 + 17x^4 + 29x^3 + 48x^2 + 44x + 27$ 除以多项式 $x^3 + 2x^2 + 3x + 4$ 所得商和余多项式。

解：执行命令

```
C = [1 2 3 4]; D = [6 17 29 48 44 27];
[q,r] = deconv(D,C)
```

得

```
q =
     6    5    1
r =
     0    0    0    7    21   23
```

这表明

$$(6x^5 + 17x^4 + 29x^3 + 48x^2 + 44x + 27)/(x^3 + 2x^2 + 3x + 4) = 6x^2 + 5x + 1$$

余式为

$$7x^2 + 21x + 23$$

2.8 求多项式的根

求多项式的根,实际是让多项式等于零,成为方程,再解方程,方程的解就是多项式的根。

MATLAB 提供了 roots 函数用于多项式求根。其调用格式如下。

r=roots(c)：c 为多项式系数向量,返回向量 r 为多项式的根,即 r(1)、r(2)、…、r(n) 分别代表多项式的 n 个根。

另外,如果已知多项式的全部根,MATLAB 提供了函数 poly 用来建立该多项式,其调用格式为

c=poly(r)：r 为多项式的根,返回向量 c 为多项式的系数向量。

【例 2.15】 利用 roots 函数求多项式 $p(x) = x^3 - 6x^2 - 72x - 27$ 的根,并用所求出的根重建多项式 $p(x)$。

解：

```
>> clear all;
>> p = [1  -6  -72  -27]
p =
     1   -6   -72   -27
```

```
>> r = roots(p)
r =
    12.1229
   - 5.7345
   - 0.3884
>> p = poly(r)
p =
    1.0000   - 6.0000   - 72.0000   - 27.0000
>> y = poly2sym(p)
y =
    x ^ 3 - 6 * x ^ 2 - 72 * x - 27
```

这表明,多项式 $p(x)$ 的 3 个根为

$$\begin{cases} x_1 = 12.1229 \\ x_2 = -5.7345 \\ x_3 = -0.3884 \end{cases}$$

用这 3 个根恢复的多项式为

$$y(x) = x^3 - 6x^2 - 72x - 27$$

可见,恢复的多项式和原多项式相同。

【例 2.16】 利用 roots 函数求多项式 $p(x) = x^2 - x - 1$ 的根,并用所求出的根重建多项式 $p(x)$。

解:

```
>> clear all;
>> p = [1   -1   -1]
p =
    1    -1    -1
>> r = roots(p)
r =
   - 0.6180
    1.6180
>> p = poly(r)
p =
    1.0000 - 1.0000 - 1.0000
>> y = poly2sym(p)
y =
    x ^ 2 - x - 1
```

这表明,多项式 $p(x)$ 的两个根为

$$\begin{cases} x_1 = -0.6180 \\ x_2 = 1.6180 \end{cases}$$

用这两个根恢复的多项式为

$$y(x) = x^2 - x - 1$$

可见,恢复的多项式和原多项式相同。

2.9 多项式的替换

MATLAB 提供了 subs 函数用于将多项式中的某一个符号变量替换为新的表达式。其调用格式如下。

R＝subs(S,old,new)：S 为被替换的表达式,R 为生成的关于 new 新的表达式,old 为原变量。

【例 2.17】 替换符号表达式 $ax+b$ 中的变量和系数。

解：

```
>> a = 1;b = 2;
>> y = 'a * x + b';
 subs(y)                          % 替换系数
ans =
   x + 2
 >> subs(y,'x','v')               % 替换符号表达式中的变量
ans =
    a * (v) + b
```

可见,a,b 已被代入,$ax+b$ 变为 $x+2$；$ax+b$ 变为 $av+b$。

【例 2.18】 用 $(s+1)/(s-1)$ 替换 $f = x^3+2x^2+108x+280$ 中的变量 x。

解：

```
>> syms x s
f = x^3 + 2 * x^2 + 108 * x + 280
f =
 x^3 + 2 * x^2 + 108 * x + 280
>> f = subs(f,x,(s + 1)/(s - 1))
 f =
 (s + 1)^3/(s - 1)^3 + 2 * (s + 1)^2/(s - 1)^2 + 108 * (s + 1)/(s - 1) + 280
```

可见,替换后,

$$f = \left(\frac{s+1}{s-1}\right)^3 + 2\left(\frac{s+1}{s-1}\right)^2 + 108\left(\frac{s+1}{s-1}\right) + 280$$

2.10 符号简化

Simple/simplify()函数对符号表达式进行简化。

【例 2.19】 将多项式 $\sin^2 x+\cos^2 x$ 化简成最简形式。

解：

```
>> syms x s
>> simplify(sin(x)^2 + cos(x)^2)
```

```
ans =
    1
```

即 $\sin^2 x + \cos^2 x = 1$。

【例 2.20】 将多项式 $\cos^2 \dfrac{x}{2} - \sin^2 \dfrac{x}{2}$ 化简成最简形式。

解:

```
>> syms'x
>> simplify(cos(x/2)^2 - sin(x/2)^2)
ans =
    2 * cos(1/2 * x)^2 - 1
```

即 $\cos^2 \dfrac{x}{2} - \sin^2 \dfrac{x}{2} = 2\cos^2 \dfrac{x}{2} - 1$。

2.11　分式通分

分式相加减的方法:同分母分式相加减时,把分子相加减,分母不变;异分母分式相加减时,先通分,变为同分母的分式,再加减。分式通分就是让两个分式的分母相同。

numden()函数用于求解符号表达式的分子和分母,可用于通分。语法格式如下。

[N,D]= numden(A):把 A 的各元素转化为分子和分母都是整系数的最佳分式。其中,A 是一个符号或数值矩阵,N 是符号矩阵的分子,D 是符号矩阵的分母。

【例 2.21】 已知多项式 $\dfrac{x}{y} + \dfrac{y}{x}$,求其通分结果。

解:

```
>> syms x y;
>> [n,d] = numden(x/y + y/x)
n =
    x^2 + y^2
d =
    y * x
```

即该式的通分结果为

$$\frac{x}{y} + \frac{y}{x} = \frac{x^2 + y^2}{xy}$$

【例 2.22】 已知多项式 $\dfrac{3y}{x} + \dfrac{4x}{5y^2}$,求其通分结果。

解:

```
>> syms x y;
>> [n,d] = numden((3 * y)/x + 4 * x/(5 * y^2 ))
n =
    15 * y^3 + 4 * x^2
d =
```

```
5 * x * y ^ 2
```
即该式的通分结果为

$$\frac{3y}{x} + \frac{4x}{5y^2} = \frac{15y^3 + 4x^2}{5xy^2}$$

2.12 求符号函数的反函数

所谓反函数就是将原函数中自变量与变量调换位置,用原函数的变量表示自变量而形成的函数。存在反函数的条件是原函数必须是一一对应的(不一定是整个数域内的)。例:$y = 2x - 1$ 的反函数是 $y = 0.5x + 0.5$,$y = 2^x$ 的反函数是 $y = \log_2 x$。

语法:finverse(f),返回符号函数的反函数;finverse(f,v),返回符号函数 f 的反函数,其中 v 为 f 的自变量。

【例 2.23】 求符号表达式 $2x + 1$ 的反函数。

解:

```
>> syms x;
>> f1 = 2 * x + 1;
>> finverse(f1)
ans =
  - 1/2 + 1/2 * x
```

所以,符号表达式 $2x + 1$ 的反函数为

$$-\frac{1}{2} + \frac{1}{2}x$$

【例 2.24】 求符号表达式 $f = 3\sqrt[3]{x} + a$ 的反函数。

解:

```
>> syms x,a;
>> f = 3 * x ^ (1/3) + a;
>> finverse(f)
ans =
    - 1/27 * a ^ 3 + 1/9 * a ^ 2 * x - 1/9 * a * x ^ 2 + 1/27 * x ^ 3
```

所以,符号表达式 $f = 3\sqrt[3]{x} + a$ 的反函数为

$$-\frac{1}{27}a^3 + \frac{1}{9}a^2 x - \frac{1}{9}ax^2 + \frac{1}{27}x^3$$

2.13 求符号表达式的复合运算

设函数 $y = f(u)$ 的定义域为 D_u,值域为 M_u,函数 $u = g(x)$ 的定义域为 D_x,值域为 M_x,如果 $M_x \cap D_u \neq \varnothing$,那么对于 $M_x \cap D_u$ 内的任意一个 x 经过 u,有唯一确定的 y 值与之对应,则变量 x 与 y 之间通过变量 u 形成的一种函数关系,这种函数称为复合函数(composite function),记为 $y=f[g(x)]$,其中 x 称为自变量,u 为中间变量,y 为因变量(即函数)。

即不是任何两个函数都可以复合成一个复合函数,只有当 $M_x \cap D_u \neq \varnothing$ 时,二者才可以构成一个复合函数。

MATLAB 提供了 compose 函数,用于实现符号表达式的复合运算。调用格式如下。

(1) compose(f,g):返回复合函数 f[g(y)],其中 f 和 g 为符号函数,f=f(x),g=g(y)。

(2) compose(f,g,z):返回以 z 为自变量的复合函数 f[g(z)]。

【例 2.25】 已知符号函数 $f(x)=1/(x^2+1)$,$g(x)=\cos(x)$,求其复合函数。

解:

```
>> syms x ;
>> f = 1/(1 + x^2);g = cos(y);
>> a = compose(f,g,z)
a =
    1/(1 + cos(z)^2)
```

可见,其复合函数为

$$a = \frac{1}{1 + \cos^2(z)}$$

【例 2.26】 已知符号函数 $f=1/(x^2+1)$,$g=\sin(y)$,$h=x^t$,求其复合函数。

解:

```
>> syms x y t;
    f = 1/(1 + x^2);g = sin(y);h = x^t;
>> a = compose(f,g)
a =
    1/(1 + sin(y)^2)
>> b = compose(f,g,t)
 b =
1/(1 + sin(t)^2)
```

可见,其复合函数为

$$a = \frac{1}{1 + \sin^2 y}$$
$$b = \frac{1}{1 + \sin^2 t}$$

2.14 将符号表达式转化为数值表达式

将一个符号常数 p(即无变量符号)的表达式变换为一个数值。如符号常数 $\sqrt{2}$,把它的数值求出来就是 1.414。MATLAB 中,使用 digits()、vpa() 和 double() 函数进行符号和数值的转化。digits() 用于设置有效数字位数。该函数的作用是指定精确到多少位有效数字,默认是 32 位。vpa() 用于可变精度算法计算。vpa(x,n) 以 n 位精度显示符号表达式值;vpa(x) 以前面 digits() 命令设置的精度显示符号表达式值。double(x) 把参数 x 转化为双精度数值。

【例 2. 27】 将符号表达式 sqrt(5)/2 转化为数值表达式。

解:

```
>> p = sqrt(5)/2;
>> digits(5)
>> vpa(p)
ans =
   1.1180
```

这表明,sqrt(5)/2 或 $\dfrac{\sqrt{5}}{2}=1.1180$。

【例 2. 28】 将符号表达式 pi(π)转化为数值表达式。

解:

```
>> p = pi;
>> digits(20)
>> vpa(p)
ans =
 3.1415926535897932385
>> p = pi;
   vpa(p,8)
ans =
     3.1415927
```

这表明,当有效数字取 20 位时,π= 3.1415926535897932385;当有效数字取 8 位时,π=3.1415927。

【例 2. 29】 将符号表达式 1.5+sqrt(3)/2 转化为数值表达式。

解:

```
>> x = sym((1.5 + sqrt(3))/2)
x =
7277931406304853 * 2 ^ ( − 52)
>> double(x)
ans =
     1.6160
```

这表明,1.5+sqrt(3)/2=1.6160。

【例 2. 30】 将符号表达式 $x=$ 'abcd',$x=5$,$x=1.2$ 转化为双精度数值。

解:

```
x = 'abcd';
>> y = 5;
>> z = 1.2;
>> dx = double(x)
dx =
    97    98    99    100
>> dy = double(y)
dy =
     5
>> dz = double(z)
```

```
dz =
    1.2000
```

这表明,double()命令可以把字母,转化为对应的 ASCII 码;对整数不作转化,维持不变;对小数则转化为小数点后有 4 位有效数字的双精度数。字母 a、b、c、d 的 ASCII 码依次是 61H、62H、63H、64H 或 97、98、99、100。

2.15　将数值表达式转化为符号表达式

将数值表达式转换为符号表达式有两种情况。一种是通过 sys()命令将数值表达式转换为符号表达式;另一种是用 polysym()函数把多项式用符号表达式表示出来。语法格式如下。

r=polysym(c):返回多项式的符号表达式,多项式的系数是数值向量 c。默认符号表达式的变量是 x。

【例 2.31】　将数值表达式 2+sqrt(5)转化为符号表达式。

解:

```
>> p = sym('(2 + sqrt(5))')
p =
    (2 + sqrt(5))
```

此时,p 是符号表达式,而不是数值表达式。

【例 2.32】　由多项式的数值向量 $c=[1 \ -12 \ 44 \ -48 \ 0]$,求出多项式的符号表达式。

解:

```
>> c = [1 - 12 44 - 48 0]
c =
    1 - 12    44 - 48    0
>> y = poly2sym(c)
 y =
    x^4 - 12 * x^3 + 44 * x^2 - 48 * x
```

$y=x^4-12x^3+44x^2-48x$ 便是所求多项式。注意:这里所用方法就是创建多项式时所用方法。

2.16　小结

本章介绍了多项式的处理,包括创建多项式、多项式的因式分解、将乘积展开成多项式、合并同类项、多项式的加法、多项式的减法、多项式的乘法、多项式的除法、求多项式的根、多项式的替换、符号简化、分式通分、求符号函数的反函数、求符号表达式的复合运算、将符号表达式转化为数值表达式和将数值表达式转化为符号表达式。

第3章

MATLAB绘图

可视化(Visualization)是利用计算机图形学和图像处理技术,将数据转化成图形或图像在屏幕上显示出来,并进行交互处理的理论、方法和技术。

MATLAB 在数据可视化方面可以说是独占鳌头,它可以满足用户各方面的需求。MATLAB 提供了大量二维、三维图形绘制函数。

3.1　二维绘图

二维图形就是在平面上绘图。二维图形的绘制是 MATLAB 语言进行图形处理的基础,也是在绝大多数数值计算中广泛应用的图形方式之一。

3.1.1　画函数图

1. 画一般函数图

plot 命令格式如下。

(1) plot(y):此命令中参数 y 可以是向量或矩阵。

(2) plot(x,y):此命令中参数 x 和 y 均可以为向量或矩阵。

(3) plot(x,y,s):此格式用于绘制不同的线型、点标和颜色的图形。其中 s 为字符,可以代表不同的线型、点标和颜色。常见的可用字符及其意义如表 3.1 所列。

表 3.1　二维绘图的图形常用设置选项

选　项	说　明	选　项	说　明
—	实线	.	点
:	点线	o	圆
-.	点画线	+	加号
--	虚线	*	星号
y	黄色	x	x符号
m	紫红色	s	方形

续表

选　项	说　明	选　项	说　明
c	蓝绿色	d	菱形
r	红色	∨	下三角
g	绿色	^	上三角
b	蓝色	<	左三角
w	白色	>	右三角
k	黑色	p	正五边形

【例 3.1】 用函数 plot(y)绘制正弦曲线图。

解：在 M 文件编辑器中输入

```
t = 1:0.1:10;
y = sin(t);
plot(y)
```

执行后,将显示如图 3-1 所示的图形。

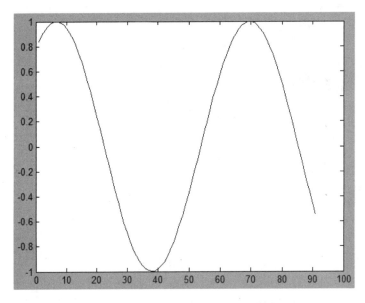

图 3-1　用函数 plot(y)绘制正弦曲线

【例 3.2】 用函数 plot(y)绘制矩阵图。

解：在 M 文件编辑器中输入

```
y = [0 1 2;2 3 4;7 8 9];
plot(y)
```

执行后,将显示如图 3-2 所示的图形。

【例 3.3】 用函数 plot(x,y)绘制向量和矩阵。

解：在 M 文件编辑器中输入

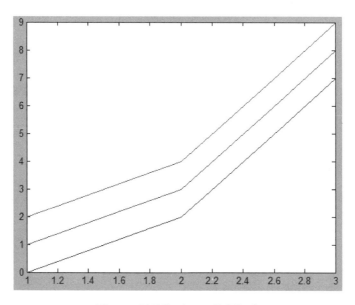

图 3-2　用函数 plot(y)绘制矩阵

```
x = 0:0.1:10;
y = [sin(x) + 2;cos(x) + 1];
plot(x,y)
```

执行后,将显示如图 3-3 所示的图形。

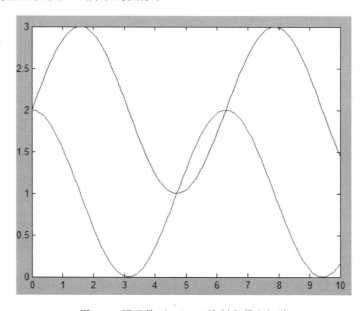

图 3-3　用函数 plot(x,y)绘制向量和矩阵

【例 3.4】　用函数 plot(x,y,s)绘制正弦曲线。

解: 在 M 文件编辑器中输入

```
>> x = 0:0.5:20;
y = sin(x);
```

```
plot(x,y,'-.rd')
```

执行后,将显示如图 3-4 所示的图形。由图可见,正弦曲线是由点画线和小菱形组成的曲线。

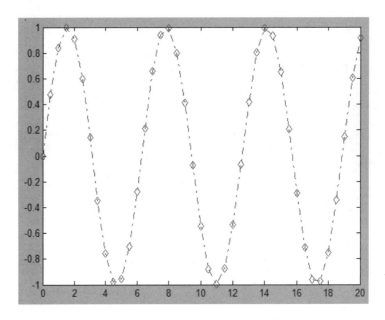

图 3-4   用函数 plot(x,y,s)绘制正弦曲线

2. 用 ezplot 命令绘制函数图

ezplot 命令也是用于绘制函数在某一自变量区域内的图形。其格式如下。

(1) ezplot(f):绘制表达式 f=f(x)在默认区域 −2 * pi<x<2 * pi 内的图形。

(2) ezplot(f,[min,max]):绘制表达式 f=f(x)在区域 min <x<max 内的图形。

(3) ezplot(x,y):绘制参数方程组 x=x(t),y=y(x)在默认区域 0<x<2 * pi 内的图形。

【例 3.5】   用函数 ezplot 绘制函数 $x^2+y^2-4=0$ 在区域[−3,3,−3,3]内的图形。

解:在命令窗口中输入

```
>> ezplot('x^2 + y^2 - 4',[-3,3,-3,3]);
```

执行后,将显示如图 3-5 所示的图形。由图可见,图形是半径为 2 的圆形,但是不太标准。

【例 3.6】   用函数 ezplot(x,y)绘制参数方程 x=2sint,y=2cost 在区域[0,2π]内的图形。

解:在命令窗口中输入

```
syms x t
x = 2 * sin(t);
y = 2 * cos(t);
ezplot(x,y)
```

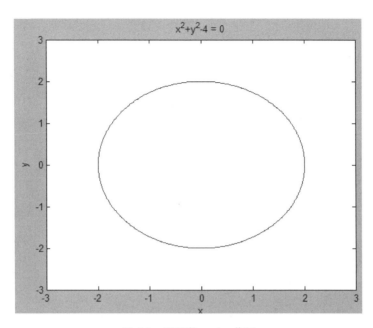

图 3-5 用函数 ezplot 作图

执行后,将显示如图 3-6 所示的图形。由图可见,图形也是半径为 2 的圆形。但此圆比例 3.5 的圆更为标准。

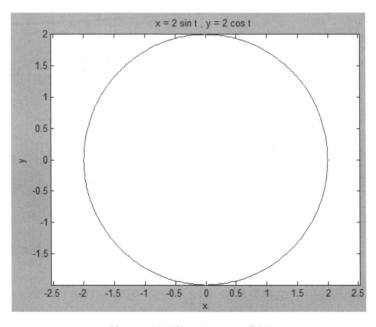

图 3-6 用函数 ezplot(x,y) 作图

【例 3.7】 用函数 ezplot(x,y) 绘制参数方程 $x = \cos t(1 + \cos t)$, $y = \sin t(1 + \cos t)$ 在区域 $[0, 2\pi]$ 内的图形。

解:在命令窗口中输入

```
syms x t
x = cos(t) * (1 + cos(t));
y = sin(t) * (1 + cos(t));
ezplot(x,y)
```

执行后,将显示如图 3-7 所示的图形。由图可见,是一个心形线图。

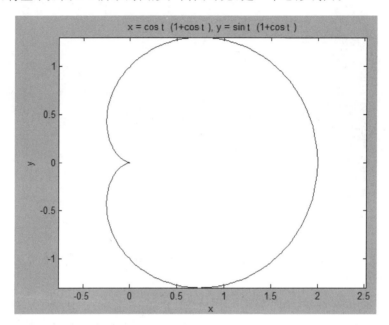

图 3-7   用函数 ezplot(x,y)作图

【例 3.8】   用函数 ezplot(x,y)绘制参数方程 x＝cost＋tcost,y＝sint－tcost 在区域[0, 2π]内的图形。

解：在命令窗口中输入

```
syms x t
x = cos(t) + t * sin(t);
y = sin(t) - t * cos(t);
ezplot(x,y)
grid on
```

执行后,将显示如图 3-8 所示的图形。由图可见,图形是半径为 1 的圆的渐开线。

3. 将多图绘于同一窗口

有时需要在一张图纸上绘制多幅图形,以便观看它们之间的关系。MATLAB 提供一种子图绘制的方法来达到这一目的。子图绘制函数 subplot 将当前窗口分割成几个区域,然后在各个区域中分别绘图。subplot 常用的语法格式为

$$subplot(m,n,i)$$

表示在当前绘图区中建立 m 行 n 列个绘图子区,在编号为 i 的位置上建立坐标系,并设置该位置为当前绘图区。绘图子区的编号优先从顶行开始,例如 subplot(3,5,9)表示在当前绘图区中建立了 3 行 5 列个绘图子区,并在第 2 行、第 4 列的位置建立坐标系准备绘图。

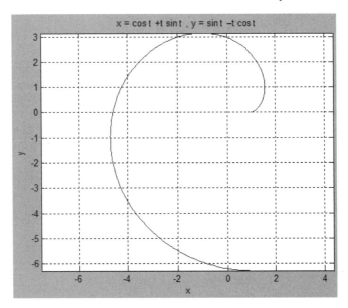

图 3-8　用函数 ezplot(x,y)作图

【**例 3.9**】　子图函数使用实例。利用函数 subplot 分别绘制 $y = x, y = x^2, y = x^3, y = x^4$ 的子图,并分别为每个子图添加标题。

解: 在 M 文件编辑器中输入

```
% ginput9
x = -6:0.1:6;y1 = x;y2 = x.^2;y3 = x.^3;y4 = x.^4;
subplot(2,2,1);plot(x,y1);title('y1 = x');
subplot(2,2,2);plot(x,y2);title('y2 = x^2');
subplot(2,2,3);plot(x,y3);title('y3 = x^3');
subplot(2,2,4);plot(x,y4);title('y4 = x^4');
```

执行后,将显示如图 3-9 所示的图形。

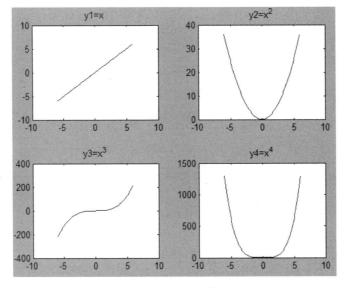

图 3-9　子图绘制模式

4．用 fplot 命令在一幅图上绘制多个函数图

fplot 命令也是用于绘制函数在某一自变量区域内的图形。其格式如下。

（1）fplot(fun,limits)：在指定的范围 limits 内绘制函数 fun 的曲线图，fun 可以为可执行字符串、M 文件、inline 函数，limits 可以为二维向量[xmin,xmax]或四维向量[xmin,xmax,ymin,ymax]。

（2）fplot(fun,limits,LineSpec])：利用指定的线型、颜色和标记符号等在指定的范围 limits 内绘制函数 fun 的曲线图。

（3）[X,Y]=fplot(fun,limits,…)：计算函数 fun 在范围 limits 上的 x 坐标 X 和 y 坐标 Y，注意：这种用法不绘制图形。

【例 3.10】　fplot 命令使用实例。利用函数 fplot 在一幅图上绘制 $y=200\sin x/x$，$y=x^2$ 的函数图。

解：在命令窗口中输入

```
>> f = '[200 * sin(x)/x,x^2]';
>> fplot(f,[ - 15,15]);hold on;
>> plot([ - 15,15],[0.0,0.0]);grid on
```

执行后，将显示如图 3-10 所示的图形。由图可见，两边都有波纹的是 $y=200\sin x/x$ 的函数图，抛物线是 $y=x^2$ 的函数图，水平线是 x 轴。

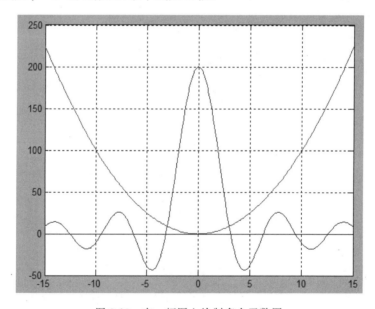

图 3-10　在一幅图上绘制多个函数图

5．在直角坐标下一幅图上绘制两个函数图

【例 3.11】　在同一图形窗口中绘制当 $x\in[0,2\pi]$ 时，$y1=\sin(x)$，$y2=\sin\left(x+\dfrac{\pi}{2}\right)$，并对 y1 用点线，y2 用加号线标志出来。

解：在 M 文件编辑器中输入

% ginput11

```
x = 0:pi/20:2 * pi;
y1 = sin(x);
y2 = sin(x + pi/2);
plot(x,y1,'r:',x,y2,' + ')
line([0,7],[0.0,0.0])
legend('y1','y2')
```

执行后,将显示如图 3-11 所示的图形。

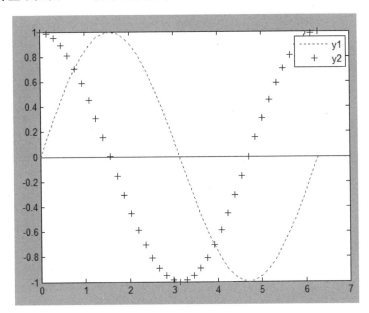

图 3-11　在一幅图上绘制不同线型、颜色和标志点的图形

6. 在直角坐标轴下用蓝色填充指数函数图形

MATLAB 中填充二维图形的命令为 fill,其格式如下。

fill(x,y,ColorSpec):使用参量 ColorSpec 指定的颜色填充由向量 X 和 Y 定义的图形。ColorSpec 的取值参见表 3-1。

【例 3.12】　在直角坐标轴下用蓝色填充指数函数图形。

解:在命令窗口中输入

```
x = 0:0.01:2 * pi;
y = exp(i * x);
fill(x,y,'b');
grid on;
```

执行后,将显示如图 3-12 所示的图形。

7. 单对数坐标轴图

前面所介绍的函数图都是在直角坐标轴下绘制的,用 MATLAB 软件绘图不仅能在直角坐标轴下,还能在单对数坐标轴和双对数坐标轴下。

单对数坐标轴图是指对 x 轴使用对数刻度(以 10 为底的对数),对 y 轴使用线性刻度,用 plot 函数绘图。

MATLAB 中设置 x/y 轴单对数坐标轴的命令为 semilogx/semilogy,其格式如下。

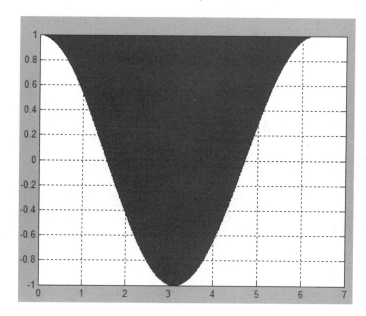

图 3-12   用 fill 命令填充二维图形

semilogx（x,y）：使用 x 轴为单对数坐标轴。

semilogy（x,y）：使用 y 轴为单对数坐标轴。

【例 3.13】   以 x 轴为对数坐标轴，y 轴使用线性刻度，绘制 $y=\sin(2x)$ 的函数图形。

解：在命令窗口中输入

```
x = [0:0.1:10];
y = sin(2 * x);
semilogx(x,y);
```

执行后，将显示如图 3-13 所示的图形。

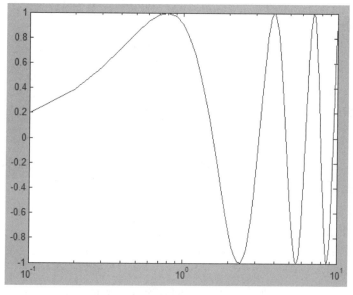

图 3-13   x 轴为单对数坐标轴图

8. 双对数坐标轴图

对 x 轴和 y 轴都使用对数刻度(以 10 为底的对数),进行 plot 函数绘图。MATLAB 中设置双对数坐标轴的命令为 loglog,其格式如下。

loglog (x,y,LineSpec):参数 LineSpec 是线型。

【例 3.14】　x 轴和 y 轴均为对数坐标轴,绘制 $y=e^x$ 的函数图形。

解:在命令窗口中输入

```
x = logspace( - 1,2);
loglog(x,exp(x),' - v');
grid on
```

执行后,将显示如图 3-14 所示的图形。

单对数坐标轴图和双对数坐标轴图在数字信号处理和频谱分析等方面广泛使用。

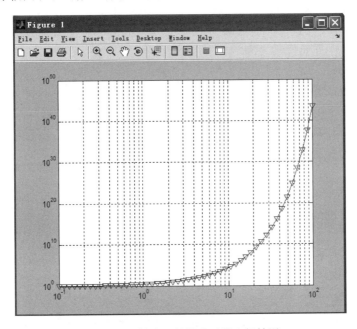

图 3-14　x 轴和 y 轴均为对数坐标轴图

3.1.2　画饼状图

MATLAB 提供了许多特殊图形函数,如饼状图就是一种特殊图形,常见的特殊二维图形函数如表 3.2 所列。

表 3.2　特殊二维图形函数

函数名	说　　明	函数名	说　　明
area	填充绘图	fplot	函数绘制
bar	条形图	hist	柱状图
barh	水平条形图	pareto	Pareto 图
comet	彗星图	pie	饼状图
errorbar	误差带图	plotmatrix	分散矩阵绘制

函数名	说　明	函数名	说　明
ezplot	简单绘制函数图	ribbon	三维图的二维条状显示
ezpolar	简单绘制极坐标图	scatter	散射图
feather	矢量图	stem	离散序列火柴杆状图
fill	多边形填充	stairs	阶梯图
gplot	拓扑图	rose	极坐标系下的柱状图
compass	与 feather 功能类似的矢量图	quiver	向量场

饼状图在日常生活中用得很多,尤其在分析统计中,饼状图可让我们对部分占总体的比例有基本的直观了解。画饼状图的命令是 pie,其格式如下。

pie(X):绘制矩阵 X 中非负元素的饼状图。若 X 中非负元素和小于 1,则函数仅画出部分的饼状图,且非零元素 X(i,j)的值直接限定饼状图中的扇形大小;若 X 中非负元素和大于或等于 1,则非负元素 X(i,j)代表饼状图中的扇形大小通过 X(i,j)/Y 的大小来决定,其中,Y 为矩阵 X 中非负元素之和。

pie(X,explode):explode 是与 X 同维的矩阵,若其中有非零元素,则 X 矩阵中相应位置的元素在饼图中对应的扇形将向外移出一些。

以下是画饼形图的例子。

【例 3.15】　用画饼状图的命令 pie 画一饼状图,图由 5 块组成,其中第 2 块移出。

解:在命令窗口中输入

```
x = [1,3,0.5,2.5,2];
explode = [0 1 0 0 0];
pie(x,explode)
colormap jet
```

执行后,将显示如图 3-15 所示的图形。可见,饼状图由依次占 11%、33%、6%、28%、22%的蓝、灰、绿、橙、红 5 块组成,其中,第 2 块(33%)被移出。

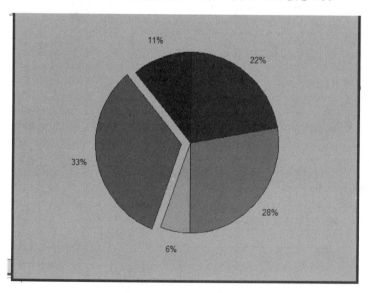

图 3-15　例 3.15 的饼状图

【例3.16】　用画饼状图的命令 pie 画一饼状图,图由 5 块组成。

解：在命令窗口中输入

```
x = [1,3,0.5,2.5,2];
explode = [0 0 0 0 0];
pie(x,explode)
colormap jet
```

执行后,将显示如图 3-16 所示的图形。可见,饼状图由依次占 11％、33％、6％、28％、22％的蓝、灰、绿、橙、红 5 块组成,并且哪一块也没有移出。

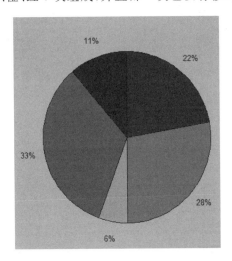

图 3-16　例 3.16 的饼状图

【例3.17】　用画饼状图的命令 pie 画一饼状图,图由 5 块组成,每块大小依次占总图面积的 10％、20％、5％、50％、15％,其中第 2 块移出。

解：在命令窗口中输入

```
x = [10,20,5,50,15];
explode = [0 1 0 0 0];
pie(x,explode)
colormap jet
```

执行后,将显示如图 3-17 所示的图形。可见,饼状图由依次占 10％、20％、5％、50％、15％的蓝、灰、绿、橙、红 5 块组成,其中,第 2 块(20％)被移出。

从以上饼状图例子看出：要想把饼切成几块,数组中就要有几个元素;想让哪一块大一些,相应数字就要大一些;想把哪一块移出,就把 explode 中的对应元素设为 1;要想图的各块比例和希望值一致,就直接把比例告诉它,方法是各块数字之和恰好等于 100。

3.1.3　画条形图

条形图又称直方图,画条形图的命令是 bar。

bar 命令格式如下。

bar(y)：为每一个 y 中的元素画一个条状。

bar(x,y)：在指定的横坐标 x 上,画出 y,其中 x 是严格的单增向量。

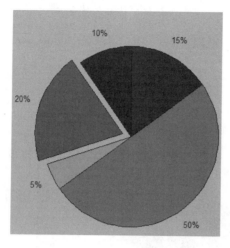

图 3-17　例 3.17 的饼状图

bar(x,y,'bar_color')：bar_color 是条形的颜色。

【例 3.18】　用函数 bar 绘制红色条形图。

解：在 M 文件编辑器中输入

```
x = - 2.9:0.2:2.9;
bar(x,exp( - x. * x),'r')
```

执行后，将显示如图 3-18 所示的图形。

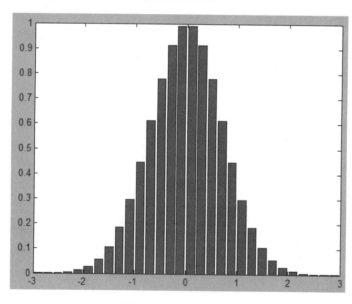

图 3-18　红色条形图

【例 3.19】　用函数 bar 绘制 10 条蓝色条形图。

解：在 M 文件编辑器中输入

```
x = 1:1:10;
```

```
y = rand(size(x));
bar(x,y)
```

执行后,将显示如图 3-19 所示的图形。

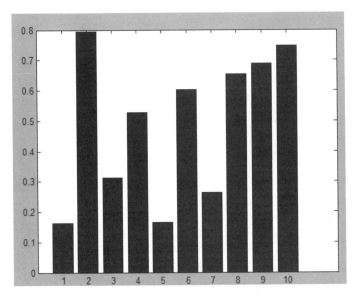

图 3-19 10 条蓝色条形图

【例 3.20】 用函数 bar 绘制 12 条蓝色条形图。

解：在 M 文件编辑器中输入

```
x = 1:1:12;
y = [1,2,3,4,5,6,7,8,9,0,1,2];
bar(x,y)
```

执行后,将显示如图 3-20 所示的图形。

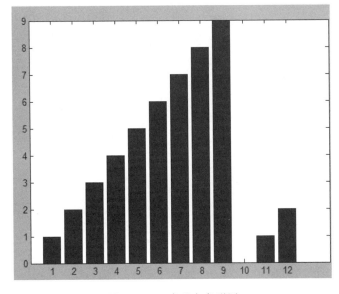

图 3-20 12 条蓝色条形图

由以上几个例题可以看到,画条形图时,竖条的个数是由 x 设定的。例如,"x＝1:1:10;"就是 10 根竖条;"x＝1:1:12;"就是 12 根竖条;每一竖条的高度由 y 的对应值决定。竖条的颜色由 bar 命令中最后一个参数决定,默认值是蓝色。

3.1.4　手工绘图

1. 手工绘图——画折线

手工绘图的关键在于如何选取绘图时的一些关键数据点,即如何将这些数据点的坐标值读入变量,然后再加以利用。MATLAB 提供了用鼠标选取数据点的命令 ginput,当在图形窗口中的某一位置按下某个鼠标键①(或键盘上除 Enter 键之外的任何键)时,ginput 将返回该位置的坐标值。

ginput 的使用方法如下。

(1) [x,y]＝ginput:当在图形窗口中按下某个鼠标键或某个键盘键时,读取此时鼠标所在位置的一系列坐标值,并将这些坐标值存储到向量 x 和 y 中,直到按 Enter 键后才中止该存储过程。

(2) [x,y]＝ginput(n):当在图形窗口中按下某个鼠标键或某个键盘键时,读取此时鼠标所在位置的一系列坐标值,并将这些坐标值存储到向量 x 和 y 中,总共读取 n 个数据点。

(3) [x,y,button]＝ginput(n):利用鼠标从图形窗口中读取 n 个数据点,并将这些数据点的坐标值存储到向量 x 和 y 中,同时还将读取过程中鼠标的按键情况或键盘的按键情况记录到向量变量 button 中。

这里有两个问题要说明:

① 在读取 i 个数据点时,若按的是鼠标左键,则 button(i)＝1;若按的是鼠标中键,则 button(i)＝2;若按的是鼠标右键,则 button(i)＝3;若按的是键盘键,则 button(i)存储相应键的 ASCII 码。

② 该命令仅读取了一些数据点,并没有绘制图形。在读取了一些数据点后,就可以利用某种方法或按某种绘图要求把这些数据点连在一起,从而完成手工绘图。

【例 3.21】　利用函数 ginput,用户用鼠标选取一些数据点绘制折线图或闭合图形。

解:在 M 文件编辑器中输入

```
% ginput21
axis([0 10 0 10]);
hold on;
x = [ ]; y = [ ];
n = 0;
while (1)
    [xtemp, ytemp, button] = ginput(1);
    plot(xtemp, ytemp, '.')
    x = [x, xtemp];
    y = [y, ytemp];
    n = n + 1;
    text(xtemp + 0.1, ytemp, int2str(n));
```

---

① 详见后文。

```
        if (button == 3)
            break
        end
    end
end
line(x, y)
hold off
```

保存 M 文件，执行该程序后，在不同点单击鼠标就可以得到如图 3-21 所示的折线图形。图 3-22～图 3-27 依次是正方形、长方形、等腰三角形、直角三角形、平行四边形和梯形的闭合图形。

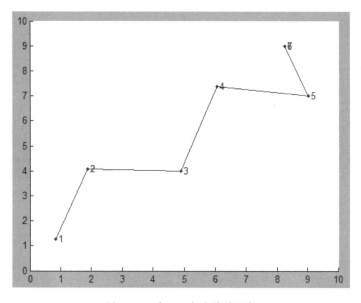

图 3-21　手工逐点连线绘图例

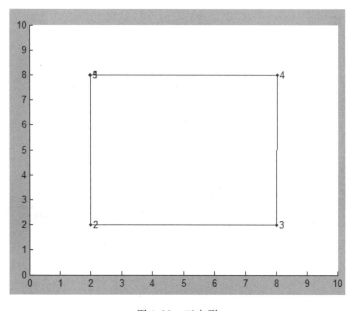

图 3-22　正方形

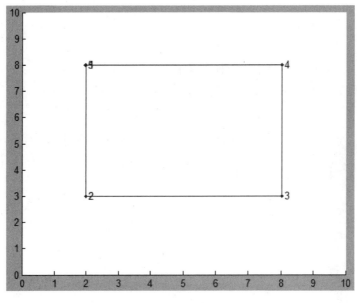

图 3-23　长方形

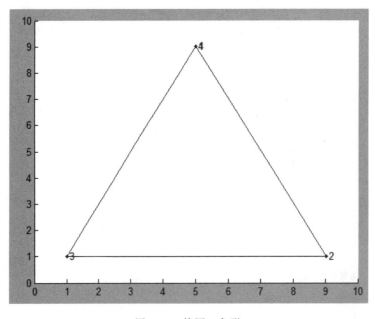

图 3-24　等腰三角形

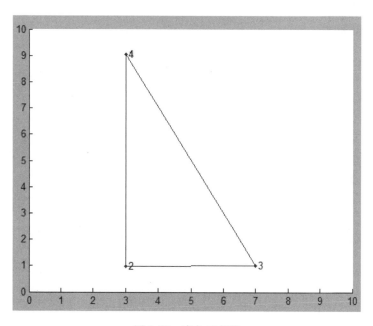

图 3-25　直角三角形

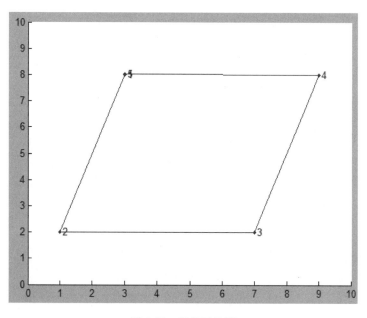

图 3-26　平行四边形

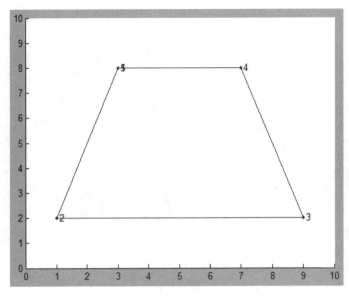

图 3-27　梯形

注意：画以上折线图时，画每个点都用鼠标左键，在最后一个点上右击鼠标；画以上闭合图时，画完各点后，在第一个点上右击鼠标。

2. **手工绘图——画曲线**

【例 3.22】　利用函数 ginput，用户用鼠标选取一些数据点绘制曲线图，然后更改其中某一个选定的数据点（用鼠标右键确定更改哪个数据点，并确定新的数据点的位置），最后依据新的数据点绘制一条新的样条曲线。

解：在 M 文件编辑器中输入

```
% ginput32
clf;
axis([0 10 0 10]);
hold on;
x = [ ];y = [ ];
n = 0;
while (1)
    [xtemp, ytemp, button] = ginput(1);
    plot(xtemp, ytemp, '.')
    x = [x, xtemp];
    y = [y, ytemp];
    n = n + 1;
    text(xtemp + 0.1, ytemp, int2str(n));
    if (button == 3)
        break
    end
end
t = 1:n;
tt = 1:0.1:n;
```

```
xx = spline(t, x, tt);
yy = spline(t, y, tt);
plot(xx, yy, 'b:');
[xtemp, ytemp, button] = ginput(1);
for i = 1:n
    if ((abs(x(i) − xtemp) < 0.1) & (abs(y(i) − ytemp) < 0.1))
        k = i;
        line([x(k) − 0.1, x(k) + 0.1], [y(k) − 0.3, y(k) + 0.3])
        line([x(k) + 0.1, x(k) − 0.1], [y(k) − 0.3, y(k) + 0.3])
        break;
    end
end
[xtemp, ytemp, button] = ginput(1);
plot(xtemp, ytemp, 'r:')
k = i;
x(k) = xtemp;
y(k) = ytemp;
text(xtemp + 0.1, ytemp, int2str(k));
xx = spline(t, x, tt);
yy = spline(t, y, tt);
plot(xx, yy, 'r − ');
hold off
```

保存 M 文件，执行该程序后，在不同点单击鼠标就可以得到如图 3-28 所示的曲线图形。而图 3-29 中，蓝线的 1、2、3 点是第一次所画曲线，红线的 1、2、3 点是修改了其中一点后二次所画曲线。

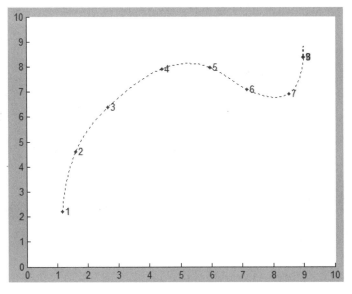

图 3-28　手工逐点绘制曲线图例 1

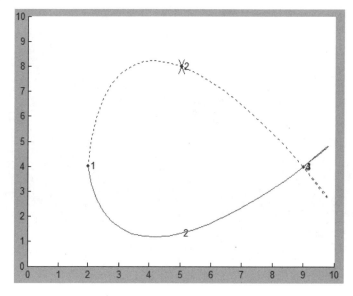

图 3-29   手工逐点绘制曲线图例 2

3.1.5   在极坐标下绘图

前面已介绍了在直角坐标轴下画图以及在单对数坐标轴和双对数坐标轴下画图,现在介绍 MATLAB 在极坐标下画图。

MATLAB 提供了基本的极坐标绘图函数 polar,其常用格式有两种:

(1) polar(theta,rho)。

(2) polar(theta,rho,LineSpec)。

其中,theta 表示各个数据点的角度向量;rho 表示各个数据点的幅值向量,需要注意的是,theta 和 rho 的长度必须一致;LineSpec 是一个选项参数,其含义和 plot 选项参数含义相同。极坐标绘制函数功能类似于 plot。

【例 3.23】   在极坐标下,绘制八叶玫瑰图。

解:在 M 文件编辑器中输入

```
t = 0:0.01 * pi:2 * pi;
r = 2 * sin(2 * (t - pi/8)). * cos(2 * (t - pi/8));
polar(t,r)
```

执行后,将显示如图 3-30 所示的图形。

【例 3.24】   在极坐标下,绘制四叶玫瑰图(四叶玫瑰图的极坐标方程为 $\rho = a\cos 2\theta$)。

解:在 M 文件编辑器中输入

```
t = 0:0.01 * pi:2 * pi;
r = cos(2 * t);
polar(t,r)
```

执行后,将显示如图 3-31 所示的图形。

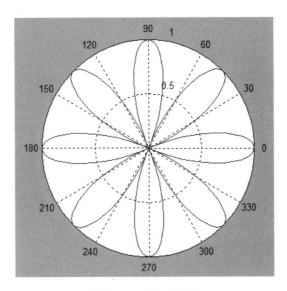

图 3-30　八叶玫瑰图

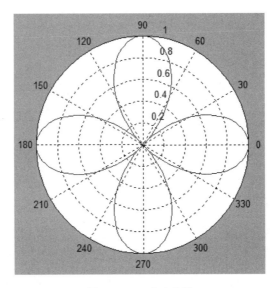

图 3-31　四叶玫瑰图

【例 3.25】　在极坐标下,绘制三叶玫瑰图(三叶玫瑰图的极坐标方程为 $\rho = a\sin3\theta$)。

解:在 M 文件编辑器中输入

```
>> t = 0:0.01 * pi:2 * pi;
r = sin(3 * t);
polar(t,r)
```

执行后,将显示如图 3-32 所示的图形。

【例 3.26】　在极坐标下,绘制双纽线图(双纽线图的极坐标方程为 $\rho = \sqrt{2\cos2\theta}$)。

解:在 M 文件编辑器中输入

```
t = 0:0.01 * pi:2 * pi;
```

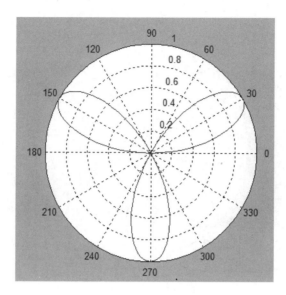

图 3-32　三叶玫瑰图

```
r = sqrt(2) * sqrt(cos(2 * t));
polar(t,r)
```

执行后,将显示如图 3-33 所示的图形。

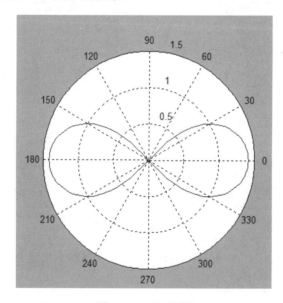

图 3-33　双纽线图

【例 3.27】　在极坐标下,绘制阿基米德螺线图(阿基米德螺线的极坐标方程为 $\rho = a\theta$)。

解:在 M 文件编辑器中输入

```
t = 0:0.01 * pi:2 * pi;
r = t;
polar(t,r)
```

执行后,将显示如图 3-34 所示的图形。

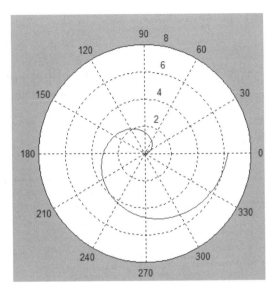

图 3-34　阿基米德螺线图

【例 3.28】　在极坐标下,绘制等角螺线(对数螺线)图(等角螺线(对数螺线)的极坐标方程为 $\rho = e^{a\theta}$)。

解:在 M 文件编辑器中输入

```
t = 0:0.01 * pi:2 * pi;
r = exp(t/3);
polar(t,r)
```

执行后,将显示如图 3-35 所示的图形。

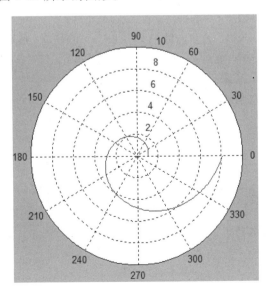

图 3-35　等角螺线(对数螺线)图

3.2　三维绘图

现实中所遇到的一些问题,特别是科学计算及工程应用中的一些问题,往往都可以抽象为三维空间的问题。因此,在实际工作中有时需要绘出三维图形,而且三维图形看起来更直观,也更美观。

特殊的三维图形函数如表 3.3 所列。

表 3.3　三维特殊图形函数

函数名	说　　明	函数名	说　　明
bar3	三维条形图	surfc	着色图与等高线图结合
comet3	三维彗星轨迹图	trisurf	三角形表面图
ezgraph3	函数控制绘制三维图	trimesh	三角形网格图
pie3	三维饼状图	waterfall	瀑布图
scatter3	三维散射图	cylinder	柱面图
stem3	三维离散数据图	sphere	球面图
quiver3	向量场	contour3	三维等高线

3.2.1　画球形图

画球形图的函数是 sphere。sphere 的常用调用格式如下。

(1) sphere(n):产生单位球面上的数据点,并直接由 surf 命令绘制出这个单位球面。

(2) [X,Y,Z]=sphere(n):产生 3 个维数为(n+1)×(n+1)的矩阵 X、Y、Z,分别表示球面表面上一系列数据点的坐标值,利用这些矩阵数据,再用 mesh 命令或 surf 命令来绘制出指定大小和位置的球面图形。

需要说明的是,参数 n 确定了球面绘制的精度。n 值越大,则数据点越多,绘制出的球面就越精确。反之,n 值越小,精度越低。n 的默认值是 20。

【例 3.29】　生成一个球体。

解:在 M 文件编辑器中输入

```
% 生成一个球体
[x,y,z] = sphere(50);
surf(x,y,z);
```

执行后,将显示如图 3-36 所示的图形。可见,此球形比较扁,有点像灯笼。

【例 3.30】　画一个单位球面图。

解:在 M 文件编辑器中输入

```
sphere;
axis equal
```

执行后,将显示如图 3-37 所示的图形。可见,此球形比较规范,输入命令中 axis equal 是为了各坐标轴刻度一样,不加这句,球面就会有点扁。

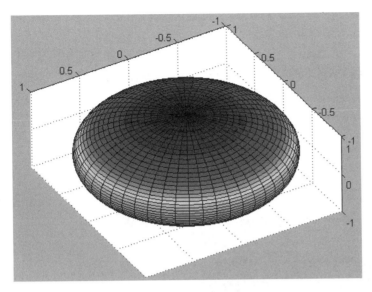

图 3-36 例 3.29 的球体

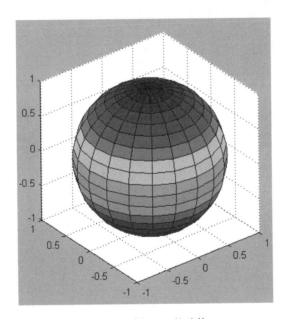

图 3-37 例 3.30 的球体

3.2.2 画圆柱体图

画圆柱体图的函数是 cylinder。cylinder 的常用调用格式如下。

(1) [X,Y,Z]=cylinder(r,n)：产生 3 个维数为(n+1)×(n+1)的矩阵 X、Y、Z，它们分别表示圆柱体表面上一系列数据点的坐标值。利用这些矩阵数据，再用 mesh 命令或 surf 命令来绘制出指定大小和位置的圆柱体图形。参数 r 是一个向量，它表示等距离分布的沿圆柱体基线在其单位高度的半径。r 的默认情况是 r=[1 1]。

参数 n 确定了圆柱体绘制的精度。n 值越大,数据点越多,绘制出的球面就越精确。反之,n 值越小,精度越低。n 的默认值是 20。

(2) cylinder (r,n):产生圆柱体表面的数据点,并直接由 surf 命令绘制出这个圆柱体。

(3) cylinder (r):以默认的参数 n=20 绘制基线为 r 的圆柱体。

(4) cylinder:以默认的参数 r=[1 1],n=20 绘制单位圆柱体。

【例 3.31】 利用函数 cylinder 画一个单位圆柱体。

解:在命令窗口中输入

```
cylinder
```

执行后,将显示如图 3-38 所示的单位圆柱体图形。

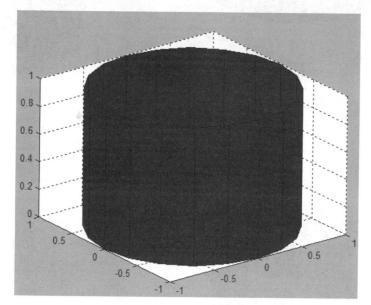

图 3-38　例 3.31 的单位圆柱体图

【例 3.32】 利用函数 cylinder 画一个圆柱体。

解:在命令窗口中输入

```
[X,Y,Z] = cylinder(50);
mesh(X,Y,Z)
title('圆柱体图')
```

执行后,将显示如图 3-39 所示的圆柱体图形。

3.2.3　画三维曲线图

plot3 绘制三维图,plot3 的常用调用格式如下。

(1) plot3(x,y,z):绘制一条通过坐标为(x(i),y(i),z(i))的点的线,其中,参量 x、y、z 为 3 个具有相同长度的向量。

(2) plot3[X,Y,Z]:绘制多条由矩阵参量 X、Y、Z 各列所指定的线,其中 X、Y、Z 维数相同。

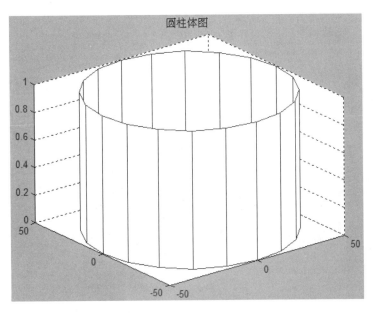

图 3-39　例 3.32 的圆柱体图

（3）plot3 [X,Y,Z,LineSpec]：参量 LineSpec 指定线条线型、标记符号和颜色的三维曲线，参量 LineSpec 的取值见表 3.1。

【例 3.33】　用画三维曲线图的命令 plot3 画一条三维圆锥螺线图。根据高等数学的知识，圆锥螺线的三维参数方程为

$$\begin{cases} x = vt\sin\alpha\cos(\omega t) \\ y = vt\sin\alpha\sin(\omega t) \\ z = vt\cos\alpha \end{cases}$$

其中，圆锥角为 2α，旋转角速度为 ω，直线速度为 v。

解：在 M 文件中输入

```
% ginput33
v = 20;
alpha = pi/6;
omega = pi/6;
t = 0:pi/100:50 * pi;
x = v * sin(alpha) * t. * cos(omega * t);
y = v * sin(alpha) * t. * sin(omega * t);
z = v * cos(alpha) * t;
plot3(x,y,z,'r','linewidth',2)
grid on
```

执行后，将显示如图 3-40 所示的三维圆锥螺线图。

3.2.4　画直方图

与二维情形相类似，MATLAB 提供了两类画三维直方图的命令：一类用于画垂直放置的三维直方图；另一类用于画水平放置的三维直方图。

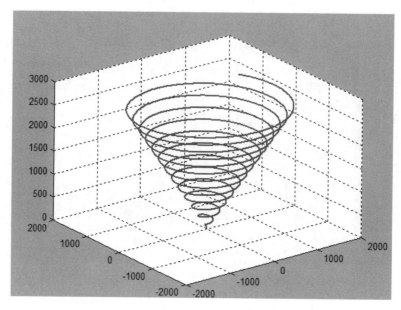

图 3-40   例 3.33 的三维圆锥螺线图

1. 垂直放置的三维直方图的命令格式

(1) bar3(Z)：以 x=1,2,3,…,m 为各个数据点的 x 坐标，以 y=1,2,3,…,n 为各个数据点的 y 坐标，以 Z 矩阵的各个对应元素为 z 坐标(Z 矩阵的维数为 m×n)，画出一个垂直放置的三维直方图。

(2) bar3(Y,Z)：以 x=1,2,3,…,m 为各个数据点的 x 坐标，以 Y 向量的各个元素为各个数据点的 y 坐标，以 Z 矩阵的各个对应元素为 z 坐标(Z 矩阵的维数为 m×n)，画出一个垂直放置的三维直方图。

2. 水平放置的三维直方图的命令格式

(1) bar3h(Z)。

(2) bar3h(Y,Z)。

这两个命令的功能及使用方法与前述的两个命令相同，它们的区别在于所画出的直方图是水平的，而不是垂直的。

【**例 3.34**】   用二维直方图函数 bar、三维直方图函数 bar3 及 bar3h 绘制 12 根黑色条。

解：在命令窗口中分别输入

```
x = 1:1:12;
y = [1,2,3,4,5,6,7,8,9,0,1,2];
bar(x,y)
```

执行后，将显示如图 3-41 所示的二维直方图。

```
x = 1:1:12;
y = [1,2,3,4,5,6,7,8,9,0,1,2];
bar3(x,y)
```

执行后，将显示如图 3-42 所示的垂直放置的三维直方图。

```
x = 1:1:12;
y = [1,2,3,4,5,6,7,8,9,0,1,2];
bar3h(x,y)
```

执行后,将显示如图 3-43 所示的水平放置的三维直方图。

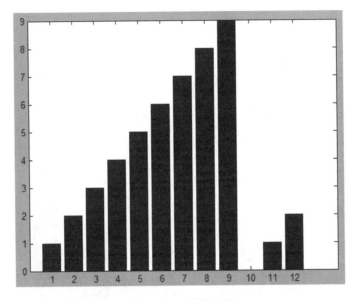

图 3-41　二维直方图

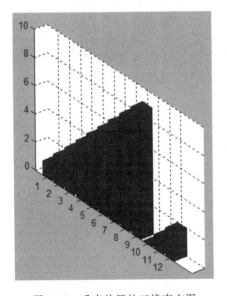

图 3-42　垂直放置的三维直方图

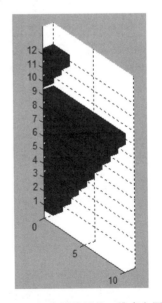

图 3-43　水平放置的三维直方图

【例 3.35】　用二维直方图函数 bar、三维直方图函数 bar3 及 bar3h 绘制 10 根黑色条。

解：在命令窗口中分别输入

```
x = rand(100,1);
[n,y] = hist(x);
```

```
bar (y,n);
for i = 1:length(y)
text(y(i),n(i) + 0.5,num2str(n(i)));
end
```

执行后,将显示如图 3-44 所示的二维直方图。

```
x = rand(100,1);
[n,y] = hist(x);
bar3(y,n);
for i = 1:length(y)
text(y(i),n(i) + 0.5,num2str(n(i)));
end
```

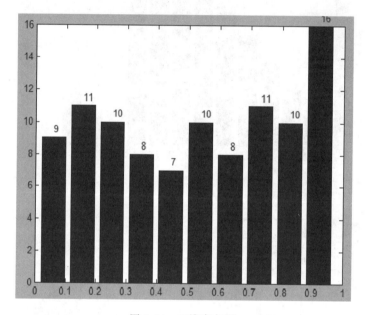

图 3-44　二维直方图

执行后,将显示如图 3-45 所示的垂直放置的三维直方图。

```
x = rand(100,1);
[n,y] = hist(x);
bar3h(y,n);
for i = 1:length(y)
text(y(i),n(i) + 0.5,num2str(n(i)));
end
```

执行后,将显示如图 3-46 所示的水平放置的三维直方图。

3.2.5　画饼状图

在 MATLAB 中,三维饼状图的绘制函数是 pie3,用法与前面介绍过的 pie 类似。

【例 3.36】　用画三维饼状图的命令 pie3 画一饼状图,图由 4 块组成,其中第 2 块移出。这 4 块依次标记为"少年,青年,中年,老年"。

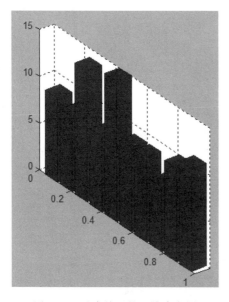

图 3-45 垂直放置的三维直方图

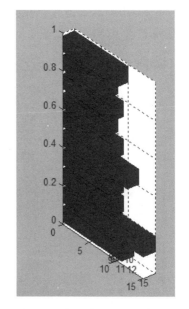

图 3-46 水平放置的三维直方图

解：在命令窗口中输入

```
x = [2,4,8,3];explode = [0 1 0 0];
lables = {'少年','青年','中年','老年'};
pie3(x,explode,lables)
```

执行后,将显示如图 3-47 所示的图形。可见,饼状图由依次标记为"少年,青年,中年,老年"的 4 块组成,其中,第 2 块(青年)被移出。

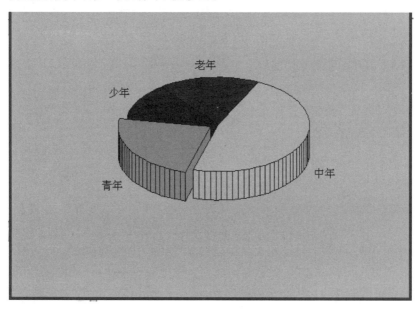

图 3-47 例 3.36 的饼状图

【例3.37】 用画三维饼状图的命令 pie3 画一饼状图,图由 5 块组成,其中第 2 块移出。

解:在命令窗口中输入

```
x = [1,3,0.5,2.5 2];
explode = [0 1 0 0 0];
pie3(x,explode)
colormap hsv
```

执行后,将显示如图 3-48 所示的图形。可见,饼状图由依次标记占有百分比为 11%、33%、6%、28%、22%的 5 块组成,其中,第 2 块(33%)被移出。

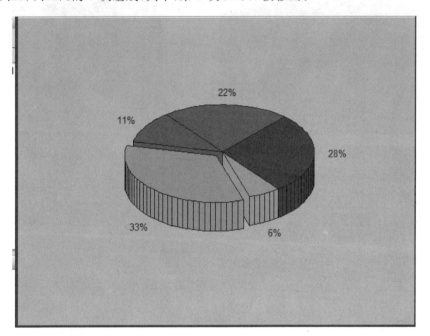

图 3-48　例 3.37 的饼状图

【例3.38】 用画三维饼状图的命令 pie3 画一饼状图,图由 5 块组成,其中第 2 块移出。各块所占总体的比例依次为 10%、20%、5%、50%、15%。

解:在命令窗口中输入

```
x = [10,20,5,50,15];
explode = [0 1 0 0 0];
pie3(x,explode)
colormap jet
```

执行后,将显示如图 3-49 所示的图形。可见,饼状图由依次标记占有百分比为 10%、20%、5%、50%、15%的 5 块组成,其中,第 2 块(20%)被移出。

关于三维饼状图,我们的结论和二维饼状图相同:想把饼切成几块,矩阵中就要有几个元素;想让哪一块大一些,相应数字就要大一些;想把哪一块移出,就把 explode 中对应的元素设为 1;要想图的各块比例和希望值一致,就直接把比例告诉它,方法是各块比例数字之和恰好等于 100。

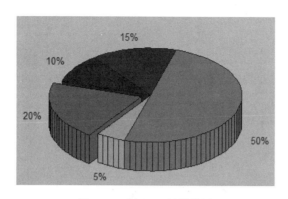

图 3-49　例 3.38 的饼状图

3.2.6　画低通滤波器的三维网格图

mesh-绘制参数网状表面图,或称网格图。mesh 命令格式如下:

(1) mesh(X,Y,Z):绘制三维网状表面图,参量 X、Y、Z 表示曲面坐标,为同型矩阵,或 X、Y 为向量,Z 为矩阵。X、Y、Z 为同型矩阵时,曲面坐标为(X(i,j)、Y(i,j)、Z(i,j));X、Y 为向量,Z 为矩阵时,向量 X 的长度为 Z 的列数,向量 Y 的长度为 Z 的行数,曲面坐标为(X(j)、Y(i)、Z(i,j))。

(2) mesh(X,Y,Z,C):绘制指定的带颜色参数的三维网状表面图。参量 C 为矩阵,与 Z 维数相同,表示彩色矩阵。

(3) mesh(Z):参数 Z 是维数为 m×n 矩阵,网格曲面的颜色分布与 Z 方向上的高度值成正比。

与 mesh 函数类似的,还有两个函数,一个是 meshc,一个是 meshz。meshc 同时画出网格和等高线图,meshz 是给曲面加上“围裙”。这三个大同小异的函数,统称网格函数。

【例 3.39】　数字图像处理中使用的巴特沃斯(Butterworth)低通滤波器的数学模型为

$$H(u,v) = \frac{1}{1 + D^{2n}(u,v)/D_0}$$

其中,$D(u,v) = \sqrt{(u-u_0)^2 + (v-v_0)^2}$;$D_0$ 为给定的区域半径;n 为阶次;u_0 和 v_0 为区域的中心。设 $D_0 = 200$,$n = 2$,试绘制该滤波器模型的三维网格图。

解:在命令窗口中输入

```
% 巴特沃斯(Butterworth)低通滤波器的三维网格图
[u,v] = meshgrid(0:0.5:31);
D0 = 200;n = 2;[u0,v0] = deal(16);
D = sqrt((u - u0).^2 + (v - v0).^2);
H = 1./(1 + D.^(2 * n)/D0);
mesh(u,v,H)
axis tight
```

执行后,将显示如图 3-50 所示的图形。

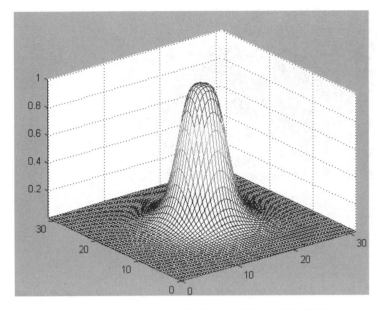

图 3-50   例 3.39 的巴特沃斯低通滤波器的三维网格图

3.2.7   画三维平面图

【例 3.40】   用 mesh 命令画一个三维平面图。

解：在命令窗口中输入

```
x = [0:0.1:5;2:0.1:7];
mesh(x)
```

执行后，将显示如图 3-51 所示的图形。

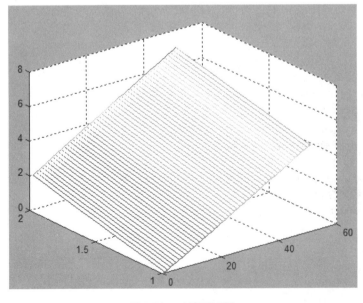

图 3-51   三维平面图

3.2.8 画瀑布图

waterfall函数生成的图与meshz函数生成的图有点类似,都穿了"围裙"。不一样的地方是meshz函数是有网格的,而waterfall函数只有一个方向,所以,就有了瀑布的效果。

【例3.41】 用waterfall命令画一幅瀑布图。

解:在命令窗口中输入

```
[x,y] = meshgrid( - 2:0.1:2);
z = x. * exp( - x.^2 - y.^2);
waterfall(z)
```

执行后,将显示如图3-52所示的图形。

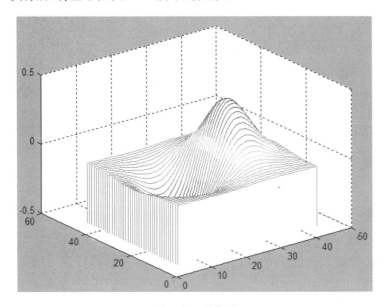

图 3-52 瀑布图

3.2.9 画伞状图

ezsurf-绘制符号函数的三维彩色曲面图形。ezsurf命令格式如下:

(1) ezsurf(f):绘制符号函数 f(x,y))在默认平面区域[$-2\pi < x < 2\pi$, $-2\pi < y < 2\pi$]内的三维彩色曲面图形。

(2) ezsurf(x,y,z):在默认矩形域[$-2\pi < x < 2\pi$, $-2\pi < y < 2\pi$]内绘制参数形式函数 $x = x(s,t)$、$y = y(s,t)$ 和 $z = z(s,t)$ 的三维彩色曲面图形。

【例3.42】 用ezsurf命令画一幅伞状图。

解:在命令窗口中输入

```
syms x y
ezsurf('sqrt(x^2 + y^2)')
```

执行后,将显示如图3-53所示的图形。

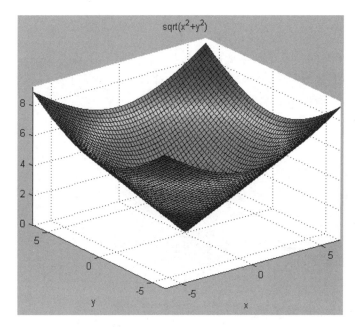

图 3-53　伞状图

3.2.10　画花蕊图

surf 绘制三维阴影曲面图。surf 命令格式如下。

（1）surf(X,Y,Z)：绘制三维阴影曲面图,参量 X、Y、Z 表示曲面坐标,为同型矩阵或 X、Y 为向量,Z 为矩阵。X、Y、Z 为同型矩阵时,曲面坐标为(X(i,j),Y(i,j),Z(i,j))；X、Y 为向量,Z 为矩阵时,向量 X 的长度为 Z 的列数,向量 Y 的长度为 Z 的行数,曲面坐标为 (X(j),Y(i),Z(i,j))。

（2）surf(X,Y,Z,C)：绘制指定的带颜色参数的三维阴影曲面图。参量 C 为矩阵,与 Z 维数相同,表示彩色矩阵。

（3）surf(Z)：参数 Z 是维数为 m×n 矩阵,阴影曲面的颜色分布与 z 方向上的高度值成正比。

使用此种函数时,需注意以下几点：

（1）surf 函数和前面介绍过的 mesh 函数使用方法及参数含义相同。

（2）surf 函数和 mesh 函数的区别是前者绘制的是三维阴影曲面,而后者绘制的是三维网格曲面。

（3）在 surf 函数中,组成整个图形的各个小四边形表面的颜色分布可由 shading 命令来实现。

① shading faceted：表示截面式颜色分布方式。

② shading interp：表示插补式颜色分布方式。

③ shading flat：表示平面式颜色分布方式。

【例 3.43】　画花蕊图。阴影曲面绘制函数使用实例,利用 surf 函数绘制三维 $f(x,y)$ $=\dfrac{2\sin(\sqrt{x^2+y^2})}{\sqrt{x^2+y^2}}$ 的三维阴影曲面,分别采用 shading faceted、shading interp 和 shading flat 设置其阴影效果。

解:在 M 文件中输入

```
% ginput43
x = - 8:0.5:8;
y = x;[X,Y] = meshgrid(x,y);
R = sqrt(X.^2 + Y.^2) + eps;Z = 2 * sin(R)./R;
surf(X,Y,Z);
grid on;
axis([ - 10 10 - 10 10 - 0.5 1.5]);
shading faceted;
xlabel('x');ylabel('y');zlabel('z');
```

执行后,将显示如图 3-54 所示的花蕊图 1。

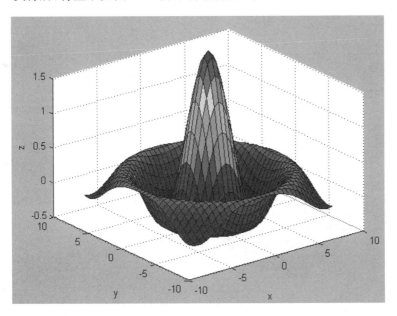

图 3-54　花蕊图 1

将程序中倒数第二句改为"shading interp;",再次运行程序,显示结果如图 3-55 所示。
将程序中倒数第二句改为"shading flat;",再次运行程序,显示结果如图 3-56 所示。

3.2.11　画正立方体

这里要引入一个面片的概念,一个面片图形对象是由一个或多个多边形组成的。面片对于真实物体建模(如飞机、汽车)以及绘制任意形状的二维或三维多面体是非常有用的。MATLAB 提供了几个函数来创建面片对象,patch 就是其中一个函数。patch 函数有两种形式:高级语法形式和低级语法形式。

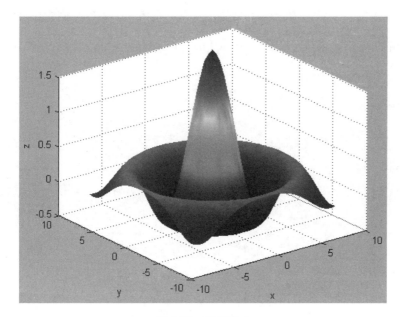

图 3-55　花蕊图 2

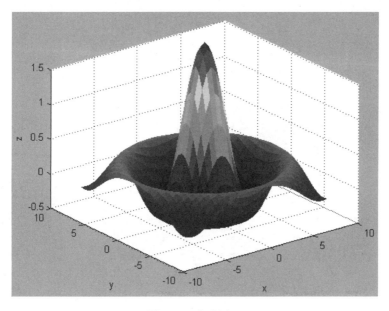

图 3-56　花蕊图 3

（1）高级语法形式：MATLAB 将根据用户指定的颜色数据自动确定每一个表面颜色。只有用户在指定的 x、y 和 z 坐标以及颜色数据时按照以下的正确顺序，高级语法形式允许用户忽略各属性的名称，直接定义属性的取值：

```
patch(x,y,z,colordata)
```

用户必须定义颜色数据，使 MATLAB 知道将使用哪种颜色。因此，MATLAB 总是将（当存在 z 坐标时为第 4）最后一个参数视为颜色数据。如果用户希望使用 x、y、z 坐标来定义面片而不定义颜色,那么 MATLAB 将会把 z 坐标当成颜色数据,然后绘制二维面片。

（2）低级语法形式：patch 函数的低级语法形式必须以属性名和属性值作为输入参数,同时,除非用户改变了 FaceColor 属性值,否则 MATLAB 将调用默认的 FaceColor 属性值（白色）对表面进行着色,此时用户是看不出任何着色效果的。

【例 3.44】 用 patch 命令画一个正立方体图。

解：在 M 文件中输入

```
% ginput44
v_mat = [0 0 0;1 0 0;1 1 0;0 1 0;0 0 1;1 0 1;1 1 1;0 1 1];    % 顶点矩阵
f_mat = [1 2 6 5;2 3 7 6;3 4 8 7;4 1 5 8;1 2 3 4;5 6 7 8];    % 连接矩阵
patch('Vertice',v_mat,'Faces',f_mat,'FaceVertexCData',hsv(8),'FaceColor','interp');
view(3);                                      % 设立视角
axis square;
xlabel('X'); ylabel('Y'); zlabel('Z');
```

执行后,将显示如图 3-57 所示的图形。

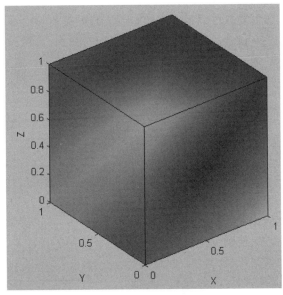

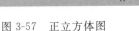
图 3-57　正立方体图

3.3　小结

本章讨论了 MATLAB 绘图,包括二维绘图和三维绘图。因为我们的眼睛在大多数情况下看到的世界都是三维图形,所以比起二维图形来,更愿意看三维图形。三维图形更直观,更让人一目了然。

第4章

复数运算

人们把形如 $z=a+bj$(a,b 均为实数)的数称为复数,其中 a 称为实部,b 称为虚部,j 称为虚数单位。当虚部等于零时,这个复数可以视为实数;当 z 的虚部不等于零时,实部等于零时,常称 z 为纯虚数。复数由意大利米兰学者卡当在 16 世纪首次引入,经过达朗贝尔、棣莫弗、欧拉、高斯等人的工作,此概念逐渐为数学家所接受。许多自然科学和工程技术上的问题,单用实数是不能解决的。

4.1 复数简介

4.1.1 复数

在数学中,用 $A=a+bj$ 表示复数,其中 a 为实部,b 为虚部,$j=\sqrt{-1}$ 称为虚数单位。如同任一实数都和实数轴上的点一一对应一样,任一复数都和复平面上的点一一对应。

图 4-1 为复数在复平面内的表示图,A 为复数,横轴为实轴,单位为 $+1$,a 是 A 的实部,A 与实轴的夹角 ψ 称为辐角,纵轴为虚轴,单位为 $+j$。b 是 A 的虚部,r 为 A 的模。复数 A 对应复平面图上的 A 点。这些量之间的关系为

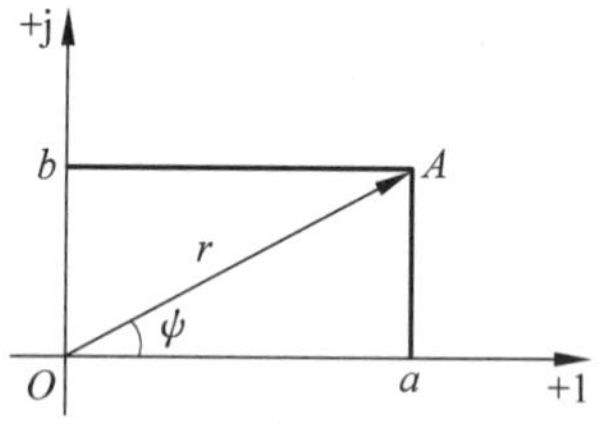

图 4-1 复数在复平面内的表示

$$
\begin{cases}
A = a + jb \\
a = r\cos\psi \\
b = r\sin\psi \\
r = \sqrt{a^2 + b^2} \\
\psi = \arctan\dfrac{b}{a}
\end{cases}
\tag{4.1}
$$

4.1.2　复数的四种表示形式

（1）代数形式：$A = a + \mathrm{j}b$。

（2）三角形式：$A = r\cos\psi + \mathrm{j}\sin\psi$。

（3）指数形式：$A = r\mathrm{e}^{\mathrm{j}\psi}$。

（4）极坐标形式：$A = r\angle\psi$。

这四种形式可以相互转换，以后用得较多的是代数形式和极坐标形式间的相互转换。

因为 $\mathrm{j} = \sqrt{-1}$，所以有

$$\frac{1}{\mathrm{j}} = -\mathrm{j}$$

$$\mathrm{j}^2 = -1$$

$$\mathrm{j}^3 = \mathrm{j} \cdot \mathrm{j}^2 = -\mathrm{j}$$

$$\mathrm{j}^4 = \mathrm{j}^2 \cdot \mathrm{j}^2 = 1$$

$$\mathrm{j}^5 = \mathrm{j} \cdot \mathrm{j}^4 = \mathrm{j}$$

$$\vdots$$

$$\mathrm{j}^{n+4} = \mathrm{j}^4$$

【例 4.1】　写出复数代数式 $A_1 = 8 + \mathrm{j}6$，$A_2 = 8 - \mathrm{j}6$，$A_3 = -8 + \mathrm{j}6$，$A_4 = -8 - \mathrm{j}6$ 的极坐标形式。

解： A_1 的模 $r = \sqrt{8^2 + 6^2} = 10$

$\psi = \arctan\dfrac{6}{8} = 36.9°$（在第 1 象限）

A_1 的极坐标形式为 $A_1 = 10\angle 36.9°$

A_2 的模 $r = \sqrt{8^2 + (-6)^2} = 10$

$\psi = \arctan\dfrac{-6}{8} = -36.9°$（在第 4 象限）

A_2 的极坐标形式为 $A_2 = 10\angle -36.9°$

A_3 的模 $r = \sqrt{(-8)^2 + 6^2} = 10$

$\psi = \arctan\dfrac{6}{-8} = 143.2°$（在第 2 象限）

A_3 的极坐标形式为 $A_3 = 10\angle 143.2°$

A_4 的模 $r = \sqrt{(-8)^2 + (-6)^2} = 10$

$\psi = \arctan\dfrac{-6}{-8} = -143.2°$（在第 3 象限）

A_4 的极坐标形式为 $A_4 = 10\angle -143.2°$

【例 4.2】　写出复数极坐标形式 $A_1 = 56\angle 63°$，$A_2 = 56\angle 116.6°$，$A_3 = 56\angle -116.6°$，$A_4 = 56\angle -63°$ 的对应代数形式。

解： A_1 的代数式实部 $a = r\cos\psi = 56\cos 63° = 25$

A_1 的代数式虚部 $b = r\sin\psi = 56\sin 63° = 50$

所以

$$A_1 = 25 + \text{j}50$$

A_2 的代数式实部 $a = r\cos\psi = 56\cos(116.6°) = -25$

A_2 的代数式虚部 $b = r\sin\psi = 56\sin(116.6°) = 50$

所以

$$A_2 = -25 + \text{j}50$$

A_3 的代数式实部 $a = r\cos\psi = 56\cos(-116.6°) = -25$

A_3 的代数式虚部 $b = r\sin\psi = 56\sin(-116.6°) = -50$

所以

$$A_3 = -25 - \text{j}50$$

A_4 的代数式实部 $a = r\cos\psi = 56\cos(-63°) = 25$

A_4 的代数式虚部 $b = r\sin\psi = 56\sin(-63°) = -50$

所以

$$A_4 = 25 - \text{j}50$$

【**例 4.3**】 写出复数代数形式 $1, -1, \text{j}, -\text{j}$ 对应的极坐标形式并在复平面内画出矢量图。

解：复数 1 的实部为 1，虚部为 0，其极坐标形式为 $1 = 1\angle 0°$；复数 -1 的实部为 -1，虚部为 0，其极坐标形式为 $-1 = 1\angle 180°$；复数 j 的实部为 0，虚部为 j，其极坐标形式为 $\text{j} = 1\angle 90°$；复数 $-\text{j}$ 的实部为 0，虚部为 $-\text{j}$，其极坐标形式为 $-\text{j} = 1\angle -90°$。矢量图如图 4-2 所示。

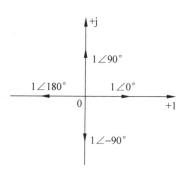

图 4-2　复平面内的矢量图

复数代数形式和极坐标形式间的相互转换在交流电路分析中用得很多，手工计算时因涉及求反正切和正弦、余弦三角函数值，比较麻烦。

4.1.3　复数的四则运算

1. 复数的加减运算

复数的加（减）法法则：两者和（差）的实部是原来两个复数实部的和（差），它的虚部是原来两个虚部的和（差）。两个复数的和（差）依然是复数。

设

$$A_1 = a_1 + \text{j}b_1 = r_1\angle\theta_1$$
$$A_2 = a_2 + \text{j}b_2 = r_2\angle\theta_2$$

则

$$A_1 \pm A_2 = (a_1 \pm a_2) + \text{j}(b_1 \pm b_2) \tag{4.2}$$

2. 复数的乘法运算

（1）两个代数式复数的乘法法则：把两个复数相乘，类似两个多项式相乘，结果中 $\text{j}^2 = -1$，把实部与虚部分别合并。两个复数的积仍然是一个复数，即

$$A_1 \times A_2 = (a_1 a_2 - b_1 b_2) + \text{j}(b_1 a_2 + a_1 b_2) \tag{4.3}$$

（2）两个极坐标式复数的乘法法则：把两个复数的模相乘，幅角相加即为两者积的模

和幅角,即

$$A_1 \times A_2 = r_1 \times r_2 \angle(\theta_1 + \theta_2) \tag{4.4}$$

3. 复数的除法运算

(1) 两个代数式复数的除法运算方法:将分子和分母同时乘以分母的共轭复数,再用乘法法则运算。共轭复数是指两个实部相同、虚部符号相反的复数。如复数 $A_1 = a + jb$ 的共轭复数为 $A_2 = a - jb$,反之亦然。

$$\frac{A_1}{A_2} = \frac{(a_1 a_2 + b_1 b_2) + j(b_1 a_2 - a_1 b_2)}{a_2{}^2 + b_2{}^2} \tag{4.5}$$

(2) 两个极坐标式复数的除法法则:把两个复数的模相除,幅角相减即为两者商的模和幅角,即

$$\frac{A_1}{A_2} = \frac{r_1}{r_2} \angle(\theta_1 - \theta_2) \tag{4.6}$$

由此可见,复数的四则运算,对加减法来说用代数形式较方便,对乘除法来说用极坐标形式较方便。

【例 4.4】 已知复数 $A_1 = 3 + j4$,$A_2 = 4 - j3$,求 $A_1 + A_2$,$A_1 - A_2$,$A_1 \times A_2$,$\dfrac{A_1}{A_2}$,jA_1。

解:$A_1 + A_2 = (3 + j4) + (4 - j3) = 7 + j$

$A_1 - A_2 = (3 + j4) - (4 - j3) = -1 + j7$

$A_1 \times A_2 = (3 + j4) \times (4 - j3) = 12 + 12 + j16 - 9j = 24 + j7 = 25\angle16.2°$(用代数形式)

$A_1 \times A_2 = (3 + j4) \times (4 - j3) = 5\angle53.1° \times 5\angle-36.9° = 25\angle16.2°$(用极坐标式)

$\dfrac{A_1}{A_2} = \dfrac{3 + j4}{4 - j3} = \dfrac{(3 + j4)(4 + j3)}{(4 - j3)(4 + j3)} = \dfrac{12 - 12 + j16 + j9}{16 + 9} = j = 1\angle90°$(用代数形式)

$\dfrac{A_1}{A_2} = \dfrac{3 + j4}{4 - j3} = \dfrac{5\angle53.1°}{5\angle-36.9°} = 1\angle90°$(用极坐标式)

$jA_1 = 1\angle90° \times 5\angle53.1° = 5\angle143.1°$

若复数 $A = r\angle\psi$ 乘以 j,则为 $jA = r\angle(\psi + 90°)$。这表明,任意一个复数乘以 j,其模值不变,幅角增加 90°,相当于在复平面上把复数矢量逆时针旋转 90°,如图 4-3 所示。因此,j 称为旋转 90°的因子。

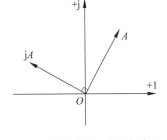

图 4-3 复数乘以 j 的几何意义

从这几个四则运算例子也可以体会到,复数加减法运算用代数形式较方便,乘除法运算用极坐标形式较方便。

4.1.4 复数的其他运算

1. 复数的乘幂运算

设给定复数为

$$z = x + jy$$

化为

$$z = r(\cos\theta + j\sin\theta)$$

其中

$$r = \sqrt{x^2 + y^2}, \quad \theta = \arctan \frac{y}{x}$$

则
$$\begin{aligned} z^n &= (x + jy)^n \\ &= r^n(\cos n\theta + j\sin n\theta) \\ &= u + jv \end{aligned}$$

其中
$$u = r^n \cos n\theta, \quad v = r^n \sin n\theta$$

这里 n 为正整数。

2. 复数的 N 次方根

计算复数的 N 次方根，即是求 $(x+jy)^{\frac{1}{n}}$，其中 n 为正整数。

设给定复数为
$$z = x + jy$$

化为
$$z = r(\cos\theta + j\sin\theta)$$

其中
$$r = \sqrt{x^2 + y^2}, \quad \theta = \arctan \frac{y}{x}$$

则
$$\begin{aligned} z^{\frac{1}{n}} &= (x + jy)^{\frac{1}{n}} \\ &= r^{\frac{1}{n}}\left[\cos \frac{2k\pi + \theta}{n} + j\sin \frac{2k\pi + \theta}{n}\right) \\ &= u_k + jv_k, \quad k = 0, 1, 2, \cdots, n-1 \end{aligned}$$

其中
$$u_k = r^{\frac{1}{n}} \cos \frac{2k\pi + \theta}{n}, \quad v_k = r^{\frac{1}{n}} \cos \frac{2k\pi + \theta}{n}$$

由此可见，复数的 N 次方根，不是一个根，而是 N 个根。

3. 复数的指数

计算复数的指数，即计算 e^{x+jy}。设给定复数为
$$z = x + jy$$

根据欧拉公式，$e^{jy} = \cos y + j\sin y$，则
$$e^z = e^{x+jy} = e^x e^{jy} = e^x(\cos y + j\sin y) = u + jv$$

其中
$$u = e^x \cos y, \quad v = e^x \sin y$$

4. 复数的自然对数

设给定复数为
$$z = x + jy$$

则
$$\ln z = \ln(x + jy) = \ln \sqrt{x^2 + y^2} + j\arctan \frac{y}{x} = u + jv$$

其中
$$u = \ln \sqrt{x^2 + y^2}, \quad v = \arctan \frac{y}{x}$$

5. 复数的常用对数

设给定复数为

$$z = x + \mathrm{j}y$$

则

$$\log z = \log(x + \mathrm{j}y) = \ln\sqrt{x^2 + y^2} + \mathrm{j}\log e\arctan\frac{y}{x} = u + \mathrm{j}v$$

其中

$$u = \ln\sqrt{x^2 + y^2}, \quad v = \log e\arctan\frac{y}{x}$$

6. 复数的正弦

计算复数的正弦值，即是计算 $\sin(x+\mathrm{j}y)$。设给定复数为

$$z = x + \mathrm{j}y$$

则

$$\sin z = \sin(x + \mathrm{j}y) = \sin x\cos(\mathrm{j}y) + \cos x\sin(\mathrm{j}y)$$

$$= \sin x\left(\frac{e^y + e^{-y}}{2}\right) + \mathrm{j}\cos x\left(\frac{e^y - e^{-y}}{2}\right) = u + \mathrm{j}v$$

其中

$$u = \sin x\left(\frac{e^y + e^{-y}}{2}\right) \quad v = \cos x\left(\frac{e^y - e^{-y}}{2}\right)$$

7. 复数的余弦

计算复数的余弦值，即是计算 $\cos(x+\mathrm{j}y)$。设给定复数为

$$z = x + \mathrm{j}y$$

则

$$\cos z = \cos(x + \mathrm{j}y) = \cos x\cos(\mathrm{j}y) - \sin x\sin(\mathrm{j}y)$$

$$= \cos x\left(\frac{e^y + e^{-y}}{2}\right) - \mathrm{j}\sin x\left(\frac{e^y - e^{-y}}{2}\right) = u + \mathrm{j}v$$

其中

$$u = \cos x\left(\frac{e^y + e^{-y}}{2}\right) \quad v = -\sin x\left(\frac{e^y - e^{-y}}{2}\right)$$

8. 复数的正切

计算复数的正切值，即是计算 $\tan(x+\mathrm{j}y)$。设给定复数为

$$z = x + \mathrm{j}y$$

则

$$\tan z = \tan(x + \mathrm{j}y) = \frac{\sin(x + \mathrm{j}y)}{\cos(x + \mathrm{j}y)} = \frac{\sin x\cos(\mathrm{j}y) + \cos x\sin(\mathrm{j}y)}{\cos x\cos(\mathrm{j}y) - \sin x\sin(\mathrm{j}y)}$$

$$= \frac{\sin x\left(\frac{e^y + e^{-y}}{2}\right) + \mathrm{j}\cos x\left(\frac{e^y - e^{-y}}{2}\right)}{\cos x\left(\frac{e^y + e^{-y}}{2}\right) - \mathrm{j}\sin x\left(\frac{e^y - e^{-y}}{2}\right)}$$

$$= \frac{2\sin(2x)}{e^{2y} + e^{-2y} + 2(2\cos^2(x) - 1)} + \mathrm{j}\frac{e^{2y} - e^{-2y}}{e^{2y} + e^{-2y} + 2(2\cos^2(x) - 1)} = u + \mathrm{j}v$$

其中

$$u = \frac{2\sin(2x)}{e^{2y} + e^{-2y} + 2(2\cos^2(x) - 1)}, \quad v = \frac{e^{2y} - e^{-2y}}{e^{2y} + e^{-2y} + 2(2\cos^2(x) - 1)}$$

4.2　复数运算程序 1

MATLAB 提供的常用复数函数及其功能、用法如表 4.1 所列。

表 4.1　常用复数函数及其功能和用法

函数名	功能描述	使用例子
abs	绝对值(复数的幅值)	＞＞p＝abs(－7)p＝7；p＝abs(3＋4i)p＝5
angle	复数的相角	＞＞ p＝angle(3＋4i),p＝0.9273,p 为相角,单位是弧度
complex	用实部和虚部构造一个复数	＞＞x＝3；y＝4；p＝complex(x,y) p＝3.0000 ＋ 4.0000i
conj	复数的共轭	＞＞ p＝conj(3＋4i),p＝3－4i
imag	复数的虚部	＞＞ p＝imag(3＋4i),p＝4
real	复数的实部	＞＞ p＝real(3＋4i),p＝3

4.2.1　复数代数形式和极坐标形式间的相互转换程序

1. 复数代数式和极坐标式转换——极坐标式变代数式

1) 说明

复数代数式和极坐标式之间的转换,应用很多,但手工计算比较麻烦,因为既有乘除运算,也有正弦余弦运算。用 MATLAB 编程计算使计算变得省时省力高效。程序中圆周率 π 的取值为 3.14。程序开头要求用户输入待转换的复数极坐标式,程序运行结果输出转换好的代数式。

2) 程序运行

【例 4.5】　求复数极坐标式 $A_1＝150∠－120°$所对应的代数式。

解：在 MATLAB 命令窗口,执行命令

```
>> edit torectangular.m
```

将程序修改为

```
clear
syms r d a b
r = 150;
x = -120;
x = x/180 * pi;
a = r * cos(x)
b = r * sin(x)
```

保存后执行命令

```
Torectangular
```

得

```
a =
```

```
    - 74.8620
b =
    - 129.9834
```

这表明极坐标式 $A_1 = 150\angle -120°$ 所对应的代数式为 $A_1 = -74.8620 - 129.9834j$。

【**例 4.6**】　求复数极坐标式 $A_2 = 44\angle 23.1°$ 所对应的代数式。

解：在 MATLAB 命令窗口，执行命令

```
>> edit torectangular.m
```

将程序修改为

```
clear
syms r d a b
r = 44;
x = 23.1;
x = x/180 * pi;
a = r * cos(x)
b = r * sin(x)
```

保存后执行命令

```
torectangular
```

得

```
a =
    40.4757
b =
    17.2546
```

这表明极坐标式 $A_2 = 44\angle 23.1°$ 所对应的代数式为 $A_2 = 40.4757 + 17.2546j$。

2. 复数代数式和极坐标式转换——代数式变极坐标式

1）说明

复数代数式变极坐标式是极坐标式变代数式的逆运算。程序中要用到开平方、反正切等运算。程序开头要求用户输入待转换的复数代数式，程序运行结果输出转换好的极坐标式。

2）程序运行

【**例 4.7**】　求复数代数式 $A_3 = 4 - 3j$ 所对应的极坐标式。

解：在 MATLAB 命令窗口，执行命令

```
>> edit topolar.m
```

将程序修改为

```
clear
syms r y
x = 4 - 3i;
r = abs(x)
y = angle(x);
q = y/pi * 180
```

◆

保存后执行命令

```
Topolar
```

得

```
r =
     5
q =
    - 36.8886
```

这表明代数式 $A_3 = 4 - 3j$ 所对应的极坐标式为 $A_3 = 5\angle - 36.8886°$。

【例 4.8】　求复数代数式 $A_4 = -5 - 12j$ 所对应的极坐标式。

解：在 MATLAB 命令窗口，执行命令

```
>> edit topolar.m
```

将程序修改为

```
clear
syms r y q
x = - 5 - 12i;
r = abs(x)
y = angle(x);
q = y/pi * 180
```

保存后执行命令

```
Topolar
```

得

```
r =
    13
q =
    - 112.6770
```

这表明代数式 $A_4 = -5 - 12j$ 所对应的极坐标式为 $A_4 = 13\angle - 112.677°$。

4.2.2　求代数形式复数的倒数程序

求代数形式复数的倒数，输出代数形式与极坐标形式。

1）说明

求代数形式复数的倒数相当于计算被除数是实数 1 的复数除法。程序中也要用到开平方、反正切等运算。程序开头要求用户输入复数代数式，程序运行结果输出已化成倒数的复数代数式和极坐标式。

2）程序运行

【例 4.9】　求复数代数式 $A_5 = 5 + 5j$ 所对应的倒数。

解：在 MATLAB 命令窗口，执行命令

```
>> edit reciprocal.m
```

将程序修改为

```
% reciprocal.m
syms x r y q p
x = 5 + 5i;                    % 此式为待变换代数式
r = abs(x);
p = real(x);
a = p/(r * r)
q = - imag(x);
b = q/(r * r)                  % 一个输出复数代数式,即 x = a + b * i
x = a + b * i;
r = abs(x)
y = angle(x);
q = y/pi * 180                 % 另一个输出复数极坐标式,即 x = r∠q
```

保存后执行命令

```
reciprocal
```

得

```
a =
      0.1000
b =
    - 0.1000
r =
      0.1414
q =
    - 45
```

这表明复数代数式 $A_5 = 5 + 5j$ 的倒数为 $1/A_5 = 0.1 - 0.1i = 0.1414\angle -45°$。

【例 4.10】 求复数代数式 $A_6 = 3 - 4j$ 所对应的倒数。

解：在 MATLAB 命令窗口,执行命令

```
>> edit reciprocal.m
```

将程序修改为

```
% reciprocal.m
syms x r y q p
x = 3 - 4i ;
r = abs(x);
p = real(x);
a = p/(r * r)
q = - imag(x);
b = q/(r * r)
x = a + b * i;
r = abs(x)
y = angle(x);
q = y/pi * 180
```

保存后执行命令

◆

```
reciprocal
```

得

```
a =
    0.1200
b =
    0.1600
r =
    0.2000
q =
    53.1301
```

这表明复数代数式 $A_6 = 3-4j$ 的倒数为 $1/A_6 = 0.12+0.16i = 0.2\angle 53.1°$。

4.2.3 求任一复数平方根的程序

求任一复数平方根的程序——输入为代数形式,输出为代数形式与极坐标形式。

1) 说明

实数的平方根是两个值,比如 4 的平方根是 2,同时 -2 也是它的平方根;复数的平方根也是两个值,如一个平方根是 $a+bi$,那么 $-a-bi$ 也是其平方根。程序中也要用到开平方、反正切等运算。程序开头要求用户输入复数代数式,程序运行结果输出一个平方根的复数代数式和极坐标式。

2) 程序运行

【**例 4.11**】 求复数代数式 $A_7 = a+ib = 3+i4$ 的平方根。

解:在 MATLAB 命令窗口,执行命令

```
>> edit sqrtl.m
```

将程序修改为

```
% sqrt1.m
syms x r y q a b
a = 3;
b = 4;                    % 此式中的 a,b 分别为待处理复数代数式的实部和虚部
r = sqrtm((sqrtm(a*a+b*b)+a)/2);
q = sqrtm((sqrtm(a*a+b*b)-a)/2);
if b < 0
    q = q*(-1);
end
x = r
y = q                    % 此式中的 x、y 分别为处理后复数代数式的实部和虚部
x = r+q*i;
r = abs(x)
y = angle(x);
q = y/pi*180
```

保存后执行命令

```
sqrtl
```

得

```
x =
    2
y =
    1
r =
    2.2361
q =
    26.5651
```

这表明复数代数式 $A_7=3+4j$ 的一个平方根为 $x+iy=2+i=2.24\angle26.6°$。

显然,复数代数式 $A_7=3+i4$ 的另一个平方根为 $-2-i$。

【例 4.12】 求复数代数式 $A_8=a+ib=-1.3+i4.5$ 的平方根。

解:在 MATLAB 命令窗口,执行命令

```
>> edit sqrtl.m
```

将程序修改为

```
% sqrt1.m
syms x r y q a b
a = - 1.3 ;
b = 4.5;                 %  此式中的 a、b 分别为待处理复数代数式的实部和虚部
r = sqrtm((sqrtm(a * a + b * b) + a)/2);
q = sqrtm((sqrtm(a * a + b * b) - a)/2);
if b < 0
    q = q * ( - 1);
end
x = r
y = q                    %  此式中的 x、y 分别为处理后复数代数式的实部和虚部
x = r + q * i;
r = abs(x)
y = angle(x);
q = y/pi * 180
```

保存后执行命令

```
sqrtl
```

得

```
x =
    1.3008
y =
    1.7297
r =
    2.1643
q =
    53.0567
```

这表明复数代数式 $A_8=-1.3+i4.5$ 的一个平方根为 $x+iy=1.3+1.73i=$

$2.16\angle 53.1°$。

显然,复数代数式 $A_8 = -1.3 + i4.5$ 的另一个平方根为 $-1.30 - 1.73i$。

4.2.4 求两个代数形式复数之积的程序

求两个代数形式复数之积,输出代数形式与极坐标形式。

1) 编程说明

程序中也要用到开平方、反正切等运算。程序开头要求用户输入复数代数式被乘数 $a+bi$ 中的 a, b,乘数 $c+di$ 中的 c, d,程序运行结果输出乘积的复数代数式和极坐标式。

2) 程序运行

【例 4.13】 求两个复数代数式 $x = -1.3 + 4.5i$, $y = 7.6 - 3.6i$ 的乘积。

解:在 MATLAB 命令窗口,执行命令

```
>> edit multiplication.m
```

将程序修改为

```
% multiplication.m
syms x r y q m n a b
x = -1.3 + 4.5i; %
y = 7.6 - 3.6i; %
r = real(x);
q = real(y);
a = r * q;
m = imag(x);
n = imag(y);
a = a - m * n;
b = q * m;
b = b + r * n
x = a + b * i;
r = abs(x)
y = angle(x);
q = y/pi * 180
```

保存后执行命令

```
multiplication
```

得

```
a =
    6.3200
b =
    38.8800
r =
    39.3903
q =
    80.7672
```

这表明两个复数代数式 $x = -1.3 + 4.5i$, $y = 7.6 - 3.6i$ 的乘积为

$$z = x \times y = 6.32 + 38.88i = 39.39\angle 80.8°$$

【例 4.14】 求两个复数代数式 $x=-1.3+4.5i, y=7.6+3.6i$ 的乘积。

解：在 MATLAB 命令窗口,执行命令

```
>> edit multiplication.m
```

将程序修改为

```
% multiplication.m
syms x r y q m n a b
x = -1.3 + 4.5i; %
y = 7.6 + 3.6i; %
r = real(x);
q = real(y);
a = r * q;
m = imag(x);
n = imag(y);
a = a - m * n;
b = q * m;
b = b + r * n;
x = a + b * i;
r = abs(x)
y = angle(x);
q = y/pi * 180
```

保存后执行命令

```
multiplication
```

得

```
a =
   -26.0800
b =
   29.5200
r =
   39.3903
q =
   131.4596
```

这表明两个复数代数式 $x=-1.3+4.5i, y=7.6+3.6i$ 的乘积为

$$z = x \times y = -26.08 + i29.52 = 39.39\angle 131.5°$$

4.2.5 求两个代数形式复数之商的程序

求两个代数形式复数相除所得之商,输出代数形式与极坐标形式。

1) 编程说明

程序中也要用到开平方、反正切等运算。程序开头要求用户输入复数代数式被除数 $a+bi$ 中的 a,b,乘数 $c+di$ 中的 c,d,程序运行结果输出商的复数代数式和极坐标式。

2）程序运行

【例 4.15】 复数代数式 $x=-1.3+4.5i$ 为被除数，$y=7.6-3.6i$ 为除数，求商。

解：在 MATLAB 命令窗口，执行命令

```
>> edit division.m
```

将程序修改为

```
% division.m
syms x r y q m n a b
x = -1.3 + 4.5i; %
y = 7.6 - 3.6i; %
y = conj(y);
r = real(x);
q = real(y);
a = q * r;
m = imag(x);
n = imag(y);
a = a - m * n;
b = q * m;
b = b + r * n;
r = abs(y);
a = a/(r * r)
b = b/(r * r)
x = a + b * i;
r = abs(x)
y = angle(x);
q = y/pi * 180
```

保存后执行命令

```
division
```

得

```
a =
    -0.3688
b =
     0.4174
r =
     0.5570
q =
     131.4596
```

这表明复数代数式 $x=-1.3+4.5i$ 为被除数，$y=7.6-3.6i$ 为除数，所得商为
$$z = x/y = -0.3688 + 0.4174i = 0.557\angle 131.5°$$

【例 4.16】 复数代数式 $x=-1.3+4.5i$ 为被除数，$y=-7.6-3.6i$ 为除数，求商。

解：在 MATLAB 命令窗口，执行命令

```
>> edit division.m
```

将程序修改为

```
% division.m
syms x r y q m n a b
x = -1.3 + 4.5i; %
y = -7.6 - 3.6i; %
y = conj(y);
r = real(x);
q = real(y);
a = q * r;
m = imag(x);
n = imag(y);
a = a - m * n;
b = q * m;
b = b + r * n;
r = abs(y);
a = a/(r * r)
b = b/(r * r)
x = a + b * i;
r = abs(x)
y = angle(x);
q = y/pi * 180
```

保存后执行命令

```
division
```

得

```
a =
    -0.0894
b =
    -0.5498
r =
     0.5570
q =
    -99.2328
```

这表明复数代数式 $x = -1.3 + 4.5i$ 为被除数，$y = -7.6 - 3.6i$ 为除数，所得商为

$$z = x/y = -0.0894 - 0.5498i = 0.557 \angle -99.2°$$

4.3　复数运算程序2

4.3.1　求复数的乘幂程序

1) 说明

程序中要用到开平方、反正切、对数、指数、正弦、余弦和求绝对值等运算。程序开头要求用户输入复数代数式 $a + bi$ 中的 a, b，程序运行结果输出所求复数代数式 $z = a + ib = 1 + i$ 的 -3、-2、-1、0、1、2、3 次方的复数代数式。

2）程序运行

【例 4.17】 求复数代数式 $z = a + ib = 1 + i$ 的 -3、-2、-1、0、1、2、3 次方。

解：在 MATLAB 命令窗口，执行命令

```
>> edit power1.m
```

将程序修改为

```
% power1.m
syms x y r q u v;
x = 1.0;
y = 1.0;
q = atan2(y, x);
r = sqrt(x * x + y * y);
for n = - 3:1:3
q = atan2(y, x);
r = sqrt(x * x + y * y);
 if r + 1.0~ = 1.0
     r = n * log(r);
     r = exp(r);
 end
  u = r * cos(n * q);
  v = r * sin(n * q);
  if abs(u)< 0.00001
      u = 0;
  end
  if abs(v)< 0.00001
      v = 0;
  end
  r = n;
  n = r
  r = u;
  u = r
  r = v;
  v = r
end
```

保存后执行命令

```
Power1
```

得

```
n =
    - 3
u =
    - 0.2500
v =
    - 0.2500
n =
    - 2
u =
```

```
               0
  v =
            - 0.5000
  n =
            - 1
  u =
             0.5000
  v =
            - 0.5000
  n =
             0
  u =
             1
  v =
             0
  n =
             1
  u =
             1.0000
  v =
             1
  n =
             2
  u =
             0
  v =
             2
  n =
             3
  u =
            - 2.0000
  v =
             2.0000
```

可见,复数代数式1+i的零次方是1,1次方是它本身,2次方是2i,3次方是-2+2i; -1次方是5-5i,-2次方是-5i,-3次方是-0.25-0.25i。

4.3.2 求复数的 N 次方根程序

1. 求复数的 3 次方根

1) 说明

复数的平方根有两个值,如一个平方根是 $a+bi$,那么另一个是 $-a-bi$。其实,复数的 N 次方根有 N 个值,例如 3 次方根有 3 个值,4 次方根有 4 个值,以此余类推。程序中也要用到开平方、反正切等运算。程序开头要求用户输入待求 3 次方根的复数代数式 $-x+yi$ 中的 x,y,程序运行结果输出 3 个复数代数式(它们是 3 次方根的 3 个值)。

2) 程序运行

【例 4.18】 求复数代数式 $z=x+iy=1+i$ 的 3 次方根。

解:在 MATLAB 命令窗口,执行命令

```
>> edit sqrt3.m
```

将程序修改为

```
% sqrt3.m
syms x y k n u v r q t m
x = 1.0;
y = 1.0;
n = 3;
q = atan2(y,x);
r = sqrt(x * x + y * y);
  if (r + 1.0) ~ = 1.0
     r = (1.0/n) * log(r);
     r = exp(r);
  end
  for k = 0:1:2
     t = (2.0 * k * 3.1415926 + q)/n;
     m = k
     u = r * cos(t)
     v = r * sin(t)
  end
```

保存后执行命令

```
sqrt3
```

得

```
m =
    0
u =
    1.0842
v =
    0.2905
m =
    1
u =
   - 0.7937
v =
    0.7937
m =
    2
u =
   - 0.2905
v =
   - 1.0842
```

可见，复数代数式 $1+i$ 的 3 次方根共有 3 个值：

$$n = 0,\ 1.08 + 0.29i$$
$$n = 1,\ -0.79 + 0.79i$$
$$n = 2,\ -0.29 - 1.08i$$

2. 求复数的 5 次方根

1）说明

程序开头要求用户输入待求 5 次方根的复数代数式，$x+yi$ 中的 x,y，程序运行结果输出 5 个复数代数式（它们是 5 次方根的 5 个值）。

2）程序运行

【例 4.19】　求复数代数式 $z=x+iy=1+i$ 的 5 次方根。

解：在 MATLAB 命令窗口，执行命令

```
>> edit sqrt5.m
```

将程序修改为

```
% sqrt5.m
syms x y k n u v r q t m
x = 1.0;
y = 1.0;
n = 5;
q = atan2(y,x);
r = sqrt(x * x + y * y);
   if (r + 1.0)~ = 1.0
      r = (1.0/n) * log(r);
      r = exp(r);
   end
   for k = 0:1:n - 1
      t = (2.0 * k * 3.1415926 + q)/n;
      m = k
      u = r * cos(t)
      v = r * sin(t)
   end
```

保存后执行命令

```
   sqrt5
```

得

```
m =
     0
u =
    1.0586
v =
    0.1677
m =
     1
u =
    0.1677
v =
    1.0586
m =
     2
```

```
u =
    - 0.9550
v =
    0.4866
m =
    3
u =
    - 0.7579
v =
    - 0.7579
m =
    4
u =
    0.4866
v =
    - 0.9550
```

可见,复数代数式 $1+i$ 的 5 次方根共有 5 个值:

$$n = 0, 1.06 + 0.167i$$
$$n = 1, 0.167 + 1.06i$$
$$n = 2, -0.95 + 0.48i$$
$$n = 3, -0.76 - 0.76i$$
$$n = 4, 0.49 - 0.96i$$

4.3.3 求复数的指数程序

1)说明

程序开头要求用户输入待求其指数的复数代数式 $-x+yi$ 中的 x, y,程序运行结果输出复数的指数。

2)程序运行

【例 4.20】 已知复数代数式 $z = a + ib = 1 + 4i$,求 e^z。

解:在 MATLAB 命令窗口,执行命令

```
>> edit expp3.m
```

将程序修改为

```
% expp3.m
syms x y p u v
x = 1.0;
y = 4.0;
p = exp(x);
u = p * cos(y)
v = p * sin(y)
```

保存后执行命令

```
expp3
```

得

```
u =
   - 1.7768
v =
   - 2.0572
```

由此可知,$e^z = e^{1+4i} = -1.78 - 2.06i$

4.3.4 求复数的自然对数程序

1) 说明

程序开头要求用户输入待求其自然对数的复数代数式$-x+yi$中的x,y,程序运行结果输出复数的自然对数值。自然对数是以 e 为底的对数,这里 e＝2.71828。

2) 程序运行

【例 4.21】 已知复数代数式$z=a+ib=1+4i$,求 $\ln z$。

解：在 MATLAB 命令窗口,执行命令

```
>> edit lnn3.m
```

将程序修改为

```
% lnn3.m
syms u v p x y
x = 1.0;
y = 4.0;
p = log( sqrt(x * x + y * y));
u = p
v = atan2(y, x)
```

保存后执行命令

```
Lnn3
```

得

```
u =
    1.4166
v =
    1.3258
```

由此可知,$\ln z = \ln(1+4i) = 1.42 + 1.33i$

4.3.5 求复数的常用对数程序

1) 说明

程序开头要求用户输入待求其常用对数的复数代数式$-x+yi$中的x,y,程序运行结果输出复数的常用对数值。常用对数是以 10 为底的对数。

2) 程序运行

【例 4.22】 已知复数代数式$z=a+ib=1+4i$,求 $\log z$。

解：在 MATLAB 命令窗口,执行命令

```
>> edit log103.m
```

将程序修改为

```
% log103.m
syms u v p x y e
e = 2.71828;
x = 1.0;
y = 4.0;
p = log10(sqrt(x * x + y * y));
u = p
v = log10(e) * atan2(y, x)
```

保存后执行命令

```
log103
```

得

```
u =
    0.6152
v =
    0.5758
```

由此可知，$\log z = \log(1+4i) = 0.615 + 0.576i$

4.3.6　求复数的正弦程序

1）说明

程序开头要求用户输入待求其正弦值的复数代数式 $-x+yi$ 中的 x,y，程序运行结果输出复数的正弦值。

2）程序运行

【例 4.23】　已知复数代数式 $z = a+ib = 3+4i$，求 $\sin z$。

解：在 MATLAB 命令窗口，执行命令

```
>> edit sinn3.m
```

将程序修改为

```
% sinn3.m
syms u v p q x y
x = 3.0;
y = 4.0;
p = exp(y);
q = exp(-y);
u = sin(x) * (p + q)/2.0
v = cos(x) * (p - q)/2.0
```

保存后执行命令

```
sinn3
```

得

```
u =
    3.8537
v =
  - 27.0168
```

由此可知,$\sin z = \sin(3+4\text{i}) = 3.854 - 27.02\text{i}$

4.3.7　求复数的余弦程序

1) 说明

程序开头要求用户输入待求其余弦值的复数代数式-$x+y\text{i}$中的x,y,程序运行结果输出复数的余弦值。

2) 程序运行

【例 4.24】　已知复数代数式 $z=a+\text{i}b=3+4\text{i}$,求 $\cos z$。

解：在 MATLAB 命令窗口,执行命令

```
>> edit coss3.m
```

将程序修改为

```
% coss3.m
syms x y p q u v
x = 3.0;
y = 4.0;
p = exp(y);
q = exp( - y);
u = cos(x) * (p + q)/2.0
v = - sin(x) * (p - q)/2.0
```

保存后执行命令

```
coss3
```

得

```
u =
  - 27.0349
v =
  - 3.8512
```

由此可知,$\cos z = \cos(3+4\text{i}) = -27.03 - 3.851\text{i}$

4.3.8　求复数的正切程序

1) 说明

程序开头要求用户输入待求其正切值的复数代数式-$x+y\text{i}$中的x,y,程序运行结果输出复数的正切值。

2) 程序运行

【例 4.25】　已知复数代数式 $z=a+\text{i}b=3+4\text{i}$,求 $\tan z$。

解：在 MATLAB 命令窗口,执行命令

```
>> edit tann3.m
```

将程序修改为

```
% tann3.m
syms  x y p q u v
x = 3.0;
y = 4.0;
p = exp(2.0 * y);
q = exp( - 2.0 * y);
u = (2.0 * sin(2.0 * x))/(p + q + 2.0 * (2.0 * cos(x) * cos(x) - 1.0))
v = (p - q)/(p + q + 2.0 * (2.0 * cos(x) * cos(x) - 1.0))
```

保存后执行命令

```
tann3
```

得

```
u =
    - 1.8735e - 004
v =
      0.9994
```

由此可知,$\tan z = \tan(3+4i) = -0.000187 + 0.9994i$

4.4 小结

复数运算除了加减运算,其余运算如代数式与极坐标式的相互转换,求倒数、乘、除、乘方、开方、开 N 次方根、指数、自然对数、常用对数、正弦、余弦、正切等用手工计算都很麻烦。用 MATLAB 则可以计算得更快更准。

第5章

矩 阵 计 算

有的初学者对行列式和矩阵的区别不太清楚。行列式和矩阵在外观上很相似,行列式用双竖杠"| |"括起来,矩阵用圆括号"( )"括起来。其实行列式是一个数,不管阶数多高的行列式最终都可以算成一个数;而矩阵是一个表,不管阶数高还是低,都不能算成一个数。

5.1 矩阵简介

5.1.1 行列式

1. 2、3 阶行列式

我们用

$$\begin{vmatrix} a_{11} & a_{12} & \cdots & a_{1n} \\ a_{21} & a_{22} & \cdots & a_{2n} \\ \vdots & \vdots & \ddots & \vdots \\ a_{n1} & a_{n2} & \cdots & a_{nn} \end{vmatrix}$$

表示一个 n 阶行列式。其中元素 $a_{i,j}(i,j=1,2,\cdots,n)$ 都是数域 P 中的数。行列式中的横排称为行,竖的称为列。例如, a_{ij} 表示第 i 行第 j 列处的元素, a_{23} 表示行列式中第 2 行第 3 列处的元素。

我们知道,凡行列式都可算出一个数值来。先看最简单的 2 阶行列式。

2 阶行列式

$$\begin{vmatrix} a_{11} & a_{12} \\ a_{21} & a_{22} \end{vmatrix} = a_{11}a_{22} - a_{12}a_{21}$$

可见,一个 2 阶行列式值是由对角的两个元素相乘之差形成的。再看 3 阶行列式。

3 阶行列式

$$\begin{vmatrix} a_{11} & a_{12} & a_{13} \\ a_{21} & a_{22} & a_{23} \\ a_{31} & a_{32} & a_{33} \end{vmatrix} = a_{11}a_{22}a_{33} + a_{12}a_{23}a_{31} + a_{13}a_{21}a_{32} - a_{11}a_{23}a_{32} - a_{12}a_{21}a_{33} - a_{13}a_{22}a_{31}$$

可见,一个 3 阶行列式是由不同行不同列的 3 个数相乘而得到的 6 个项的代数和。

手工计算例 1

$$\begin{vmatrix} 2 & 1 \\ 1 & -3 \end{vmatrix} = 2 \times (-3) - 1 \times 1 = -7$$

手工计算例 2

$$\begin{vmatrix} 2 & 1 & 2 \\ -4 & 3 & 1 \\ 2 & 3 & 5 \end{vmatrix} = 2 \times 3 \times 5 + 1 \times 1 \times 2 + 2 \times (-4) \times 3 - 2 \times$$

$$3 \times 1 - 1 \times (-4) \times 5 - 2 \times 3 \times 2$$

$$= 30 + 2 - 24 - 6 + 20 - 12 = 10$$

2. 余子式和代数余子式

在 n 阶行列式

$$\begin{vmatrix} a_{11} & a_{12} & \cdots & a_{1n} \\ a_{21} & a_{22} & \cdots & a_{2n} \\ \vdots & \vdots & \ddots & \vdots \\ a_{n1} & a_{n2} & \cdots & a_{nn} \end{vmatrix}$$

中,划去元素 a_{ij} 所在的第 i 行第 j 列,剩下的元素按原来的排法,构成一个 $n-1$ 阶行列式

$$\begin{vmatrix} a_{11} & \cdots & a_{1,j-1} & a_{1,j+1} & \cdots & a_{1n} \\ \vdots & \ddots & \vdots & \vdots & \cdots & \vdots \\ a_{i-1,1} & \cdots & a_{i-1,j-1} & a_{i-1,j+1} & \cdots & a_{i-1,n} \\ a_{i+1,1} & \cdots & a_{i+1,j-1} & a_{i+1,j+1} & \cdots & a_{i+1,n} \\ \vdots & \ddots & \vdots & \vdots & \ddots & \vdots \\ a_{n1} & \cdots & a_{n,j-1} & a_{n,j+1} & \cdots & a_{nn} \end{vmatrix}$$

称为元素 a_{ij} 的余子式,记为 M_{ij}。

例如,对于 3 阶行列式

$$D = \begin{vmatrix} a_{11} & a_{12} & a_{13} \\ a_{21} & a_{22} & a_{23} \\ a_{31} & a_{32} & a_{33} \end{vmatrix}$$

各个元素的余子式分别为

$$M_{11} = \begin{vmatrix} a_{22} & a_{23} \\ a_{32} & a_{33} \end{vmatrix}, \quad M_{12} = \begin{vmatrix} a_{21} & a_{23} \\ a_{31} & a_{33} \end{vmatrix}, \quad M_{13} = \begin{vmatrix} a_{21} & a_{22} \\ a_{31} & a_{32} \end{vmatrix}$$

$$M_{21} = \begin{vmatrix} a_{12} & a_{13} \\ a_{32} & a_{33} \end{vmatrix}, \quad M_{22} = \begin{vmatrix} a_{11} & a_{13} \\ a_{31} & a_{33} \end{vmatrix}, \quad M_{23} = \begin{vmatrix} a_{11} & a_{12} \\ a_{31} & a_{32} \end{vmatrix}$$

$$M_{31} = \begin{vmatrix} a_{12} & a_{13} \\ a_{22} & a_{23} \end{vmatrix}, \quad M_{32} = \begin{vmatrix} a_{11} & a_{13} \\ a_{21} & a_{23} \end{vmatrix}, \quad M_{33} = \begin{vmatrix} a_{11} & a_{12} \\ a_{21} & a_{22} \end{vmatrix}$$

而 3 阶行列式 D 可以通过各行的余子式来表示:

$$D = a_{11}M_{11} - a_{12}M_{12} + a_{13}M_{13}$$

$$= -a_{21}M_{21} + a_{22}M_{22} - a_{23}M_{23}$$

$$= a_{31}M_{31} - a_{32}M_{32} + a_{33}M_{33}$$

也可以用各列的余子式来表示：

$$D = a_{11}M_{11} - a_{21}M_{21} + a_{31}M_{31}$$
$$= -a_{12}M_{12} + a_{22}M_{22} - a_{32}M_{32}$$
$$= a_{13}M_{13} - a_{23}M_{23} + a_{33}M_{33}$$

从以上等式可以看出：M_{ij} 前的符号，有时正，有时负。为了弄清这个问题，引入下述定义。

定义1　令

$$A_{ij} = (-1)^{i+j}M_{ij}$$

A_{ij} 称为元素 a_{ij} 的代数余子式。

应用代数余子式的概念，3 阶行列式可以表示成

$$D = a_{i1}A_{i1} + a_{i2}A_{i2} + a_{i3}A_{i3} \quad (i = 1, 2, 3)$$
$$D = a_{1j}A_{1j} + a_{2j}A_{2j} + a_{3j}A_{3j} \quad (j = 1, 2, 3)$$

这表明，行列式的值是任意一行的所有元素与它们的对应代数余子式的乘积之和。

手工计算例 3

求

$$D = \begin{vmatrix} 1 & 0 & -1 \\ 1 & 2 & 0 \\ -1 & 3 & 2 \end{vmatrix}$$

的余子式 M_{11}、M_{12}、M_{13} 及代数余子式 A_{11}、A_{12}、A_{13} 并求 D。

解：$M_{11} = \begin{vmatrix} 2 & 0 \\ 3 & 2 \end{vmatrix} = 4$，$M_{12} = \begin{vmatrix} 1 & 0 \\ -1 & 2 \end{vmatrix} = 2$，$M_{13} = \begin{vmatrix} 1 & 2 \\ -1 & 3 \end{vmatrix} = 5$

$A_{11} = (-1)^{1+1}M_{11} = 4$，$A_{12} = (-1)^{1+2}M_{12} = -2$，$A_{13} = (-1)^{1+3}M_{13} = 5$

$D = 1 \cdot A_{11} + 0 \cdot A_{12} + (-1) \cdot A_{13} = -1$

3. 用代数余子式表示 n 阶行列式的展开式

前已说明，n 阶行列式

$$\begin{vmatrix} a_{11} & a_{12} & \cdots & a_{1n} \\ a_{21} & a_{22} & \cdots & a_{2n} \\ \vdots & \vdots & \ddots & \vdots \\ a_{n1} & a_{n2} & \cdots & a_{nn} \end{vmatrix}$$

等于它任意一行的所有元素与它们的对应代数余子式的乘积之和，即

$$D = a_{k1}A_{k1} + a_{k2}A_{k2} + \cdots + a_{kn}A_{kn} \quad (k = 1, 2, \cdots, n)$$

这就是行列式按一行（第 k 行）展开的公式。

由于行列式中行与列的对称性，所以同样也可以将行列式按一列展开，即

n 阶行列式

$$\begin{vmatrix} a_{11} & a_{12} & \cdots & a_{1n} \\ a_{21} & a_{22} & \cdots & a_{2n} \\ \vdots & \vdots & \ddots & \vdots \\ a_{n1} & a_{n2} & \cdots & a_{nn} \end{vmatrix}$$

等于它任意一列的所有元素与它们的对应代数余子式的乘积之和,即

$$D = a_{1l}A_{1l} + a_{2l}A_{2l} + \cdots + a_{nl}A_{nl} \quad (l = 1, 2, \cdots, n)$$

这就是行列式按一列(第 l 列)展开的公式。

手工计算例 4

求以下行列式的值

$$D = \begin{vmatrix} 2 & 1 & 2 \\ -4 & 3 & 1 \\ 2 & 3 & 5 \end{vmatrix}$$

解：把 D 按第 2 行展开,得

$$\begin{vmatrix} 2 & 1 & 2 \\ -4 & 3 & 1 \\ 2 & 3 & 5 \end{vmatrix} = 4\begin{vmatrix} 1 & 2 \\ 3 & 5 \end{vmatrix} + 3\begin{vmatrix} 2 & 2 \\ 2 & 5 \end{vmatrix} - \begin{vmatrix} 2 & 1 \\ 2 & 3 \end{vmatrix} = -4 + 18 - 4 = 10$$

把 D 按第 3 列展开,得

$$\begin{vmatrix} 2 & 1 & 2 \\ -4 & 3 & 1 \\ 2 & 3 & 5 \end{vmatrix} = 2\begin{vmatrix} -4 & 3 \\ 2 & 3 \end{vmatrix} - \begin{vmatrix} 2 & 1 \\ 2 & 3 \end{vmatrix} + 5\begin{vmatrix} 2 & 1 \\ -4 & 3 \end{vmatrix} = -36 - 4 + 50 = 10$$

5.1.2　矩阵的加法、乘法和矩阵的转置

1. 矩阵的加法

设

$$A = \begin{pmatrix} a_{11} & a_{12} & \cdots & a_{1n} \\ a_{21} & a_{22} & \cdots & a_{2n} \\ \vdots & \vdots & \ddots & \vdots \\ a_{s1} & a_{s2} & \cdots & a_{sn} \end{pmatrix}$$

$$B = \begin{pmatrix} b_{11} & b_{12} & \cdots & b_{1n} \\ b_{21} & b_{22} & \cdots & b_{2n} \\ \vdots & \vdots & \ddots & \vdots \\ b_{s1} & b_{s2} & \cdots & b_{sn} \end{pmatrix}$$

是两个 $s \times n$ 矩阵,则 $s \times n$ 矩阵

$$C = \begin{pmatrix} a_{11} + b_{11} & a_{12} + b_{12} & \cdots & a_{1n} + b_{1n} \\ a_{21} + b_{21} & a_{22} + b_{22} & \cdots & a_{2n} + b_{2n} \\ \vdots & \vdots & \ddots & \vdots \\ a_{s1} + b_{s1} & a_{s2} + b_{s2} & \cdots & a_{sn} + b_{sn} \end{pmatrix}$$

称为 A 和 B 的和,记作

$$C = A + B$$

从定义可以看出：两个矩阵必须在行数与列数分别相同的情况下才能相加。

手工计算例 5

$$\begin{pmatrix} 1 & 2 & 3 & 5 \\ 0 & 1 & -1 & 2 \\ 3 & 1 & 2 & 0 \\ 2 & 1 & 3 & 2 \end{pmatrix} + \begin{pmatrix} 0 & 0 & 1 & -1 \\ 1 & 2 & 3 & 1 \\ 2 & 1 & -1 & 2 \\ 4 & 5 & 0 & 1 \end{pmatrix} = \begin{pmatrix} 1+0 & 2+0 & 3+1 & 5-1 \\ 0+1 & 1+2 & -1+3 & 2+1 \\ 3+2 & 1+1 & 2-1 & 0+2 \\ 2+4 & 1+5 & 3+0 & 2+1 \end{pmatrix}$$

$$= \begin{pmatrix} 1 & 2 & 4 & 4 \\ 1 & 3 & 2 & 3 \\ 5 & 2 & 1 & 2 \\ 6 & 6 & 3 & 3 \end{pmatrix}$$

2. 矩阵的乘法

设 A 是一个 $s \times n$ 矩阵, 且

$$A = \begin{pmatrix} a_{11} & a_{12} & \cdots & a_{1n} \\ a_{21} & a_{22} & \cdots & a_{2n} \\ \vdots & \vdots & \ddots & \vdots \\ a_{s1} & a_{s2} & \cdots & a_{sn} \end{pmatrix}$$

B 是一个 $n \times m$ 矩阵, 且

$$B = \begin{pmatrix} b_{11} & b_{12} & \cdots & b_{1m} \\ b_{21} & b_{22} & \cdots & b_{2m} \\ \vdots & \vdots & \ddots & \vdots \\ b_{n1} & b_{n2} & \cdots & b_{nm} \end{pmatrix}$$

作 $s \times m$ 矩阵

$$C = \begin{pmatrix} c_{11} & c_{12} & \cdots & c_{1m} \\ c_{21} & c_{22} & \cdots & c_{2m} \\ \vdots & \vdots & \ddots & \vdots \\ c_{s1} & c_{s2} & \cdots & c_{sm} \end{pmatrix}$$

其中, $c_{ij} = a_{i1}b_{1j} + a_{i2}b_{2j} + \cdots + a_{in}b_{nj} = \sum\limits_{k=1}^{n} a_{ik}b_{kj}$　$(i = 1, 2, \cdots, s;\ j = 1, 2, \cdots, m)$

则矩阵 C 称为矩阵 A 与 B 的乘积, 记为

$$C = AB$$

注意: 在矩阵乘积的定义中, 要求第 1 个矩阵的列数必须等于第 2 个矩阵的行数。

手工计算例 6

设

$$A = \begin{pmatrix} 1 & 0 & 2 & -1 \\ 0 & 1 & -1 & 3 \\ -1 & 2 & 0 & 1 \end{pmatrix}, \quad B = \begin{pmatrix} 1 & 2 \\ 2 & 1 \\ 0 & 3 \\ 1 & 4 \end{pmatrix}$$

则

$$
AB = \begin{pmatrix} 1\times1+0\times2+2\times0+(-1)\times1 & 1\times2+0\times1+2\times3+(-1)\times4 \\ 0\times1+1\times2+(-1)\times0+3\times1 & 0\times2+1\times1+(-1)\times3+3\times4 \\ (-1)\times1+2\times2+0\times0+1\times1 & (-1)\times2+2\times1+0\times3+1\times4 \end{pmatrix}
$$

$$
= \begin{pmatrix} 0 & 4 \\ 5 & 10 \\ 4 & 4 \end{pmatrix}
$$

矩阵的乘法与数的乘法有一重要区别：矩阵的乘法不满足交换律，也就是说，矩阵的乘积 AB 与 BA 不一定相等。看下面的例子。

手工计算例 7

设

$$
A = \begin{pmatrix} 1 & 2 & 3 \\ 2 & -1 & 1 \\ 0 & 2 & 4 \end{pmatrix}, \quad B = \begin{pmatrix} 2 & 1 & -1 \\ 0 & 2 & 1 \\ 1 & 0 & -2 \end{pmatrix}
$$

则

$$
AB = \begin{pmatrix} 5 & 5 & -5 \\ 5 & 0 & -5 \\ 4 & 4 & -6 \end{pmatrix}
$$

$$
BA = \begin{pmatrix} 4 & 1 & 3 \\ 4 & 0 & 6 \\ 1 & -2 & -5 \end{pmatrix}
$$

可见，在本例中，AB 和 BA 完全不同。

3. 矩阵的转置

把一个矩阵的行列互换，所得到的矩阵称为这个矩阵的转置。

设 A 是一个 $s\times n$ 矩阵，且

$$
A = \begin{pmatrix} a_{11} & a_{12} & \cdots & a_{1n} \\ a_{21} & a_{22} & \cdots & a_{2n} \\ \vdots & \vdots & \ddots & \vdots \\ a_{s1} & a_{s2} & \cdots & a_{sn} \end{pmatrix}
$$

则 $s\times n$ 矩阵

$$
\begin{pmatrix} a_{11} & a_{21} & \cdots & a_{s1} \\ a_{12} & a_{22} & \cdots & a_{s2} \\ \vdots & \vdots & \ddots & \vdots \\ a_{1n} & a_{2n} & \cdots & a_{sn} \end{pmatrix}
$$

称为 A 的转置矩阵，记作 A'。

手工计算例 8

设

$$
A = \begin{pmatrix} 1 & 2 & 3 \\ 2 & -1 & 1 \\ 0 & 2 & 4 \end{pmatrix}
$$

则

$$\boldsymbol{A}' = \begin{pmatrix} 1 & 2 & 0 \\ 2 & -1 & 2 \\ 3 & 1 & 4 \end{pmatrix}$$

5.1.3 矩阵的除法——矩阵求逆

矩阵的除法就是求矩阵的逆。

1. $\boldsymbol{E}$ 矩阵(单位矩阵)

矩阵中有一类特殊的矩阵,起着与数的乘法中 1 相同的作用,即所谓单位矩阵。主对角线上的元素全是 1,其余元素全是 0 的 $n \times n$ 矩阵

$$\begin{pmatrix} 1 & 0 & \cdots & 0 \\ 0 & 1 & \cdots & 0 \\ \vdots & \vdots & \ddots & \vdots \\ 0 & 0 & \cdots & 1 \end{pmatrix}$$

称为 n 级单位矩阵,记作 $\boldsymbol{E}_n$。

2. 矩阵的逆的定义

对于矩阵 $\boldsymbol{A}$,如果有矩阵 $\boldsymbol{B}$,使得

$$\boldsymbol{AB} = \boldsymbol{BA} = \boldsymbol{E}$$

则 $\boldsymbol{A}$ 称为可逆的;$\boldsymbol{B}$ 称为 $\boldsymbol{A}$ 的逆矩阵,记作 $\boldsymbol{A}^{-1}$。

3. 伴随矩阵

设 $\boldsymbol{A}_{ij}$ 是矩阵

$$\boldsymbol{A} = \begin{pmatrix} a_{11} & a_{12} & \cdots & a_{1n} \\ a_{21} & a_{22} & \cdots & a_{2n} \\ \vdots & \vdots & \ddots & \vdots \\ a_{n1} & a_{n2} & \cdots & a_{nn} \end{pmatrix}$$

中元素 a_{ij} 的代数余子式。矩阵

$$\boldsymbol{A}^{*} = \begin{pmatrix} A_{11} & A_{12} & \cdots & A_{1n} \\ A_{21} & A_{22} & \cdots & A_{2n} \\ \vdots & \vdots & \ddots & \vdots \\ A_{n1} & A_{n2} & \cdots & A_{nn} \end{pmatrix}$$

称为 $\boldsymbol{A}$ 的伴随矩阵。

4. 逆矩阵计算公式

矩阵 $\boldsymbol{A}$ 可逆的充分必要条件是:$\boldsymbol{A}$ 是非退化的(指 $|\boldsymbol{A}| \neq 0$),而且当 $\boldsymbol{A}$ 可逆时,

$$\boldsymbol{A}^{-1} = \frac{1}{|\boldsymbol{A}|} \boldsymbol{A}^{*}$$

手工计算例 9

判断矩阵

$$\boldsymbol{A} = \begin{pmatrix} 2 & 1 & 1 \\ 3 & 1 & 2 \\ 0 & -1 & 0 \end{pmatrix}$$

是否可逆。如果可逆，求 A^{-1}。

解：因为

$$|A| = \begin{vmatrix} 2 & 1 & 1 \\ 3 & 1 & 2 \\ 0 & -1 & 0 \end{vmatrix} = 2 \neq 0$$

所以，A 是可逆的。

又因

$$A_{11} = 2, \quad A_{12} = 2, \quad A_{13} = -4$$
$$A_{21} = -2, \quad A_{22} = -1, \quad A_{23} = 3$$
$$A_{31} = 1, \quad A_{32} = -1, \quad A_{33} = -1$$

所以

$$A^{-1} = \frac{1}{2} \begin{pmatrix} 2 & -1 & 1 \\ 2 & -1 & -1 \\ -4 & 3 & -1 \end{pmatrix}$$

5.1.4　矩阵的特征值和特征向量

工程技术中的一些问题，如振动问题和稳定性问题，常可归结为求一个方阵的特征值和特征向量问题。特征值和特征向量的定义如下：

定义 2　设 A 是个 n 级矩阵，λ_0 是一个数，如果有非零列向量（即 $n \times 1$ 矩阵）$\boldsymbol{\alpha}$，使

$$A\boldsymbol{\alpha} = \lambda_0 \boldsymbol{\alpha} \tag{5.1}$$

就称 λ_0 是 A 的特征值，$\boldsymbol{\alpha}$ 是 A 的属于特征值 λ_0 的特征向量，简称特征向量。

设 $\boldsymbol{\alpha} = \begin{pmatrix} c_1 \\ c_2 \\ \vdots \\ c_n \end{pmatrix} \neq 0$ 是矩阵 $A = \begin{pmatrix} a_{11} & a_{12} & \cdots & a_{1n} \\ a_{21} & a_{22} & \cdots & a_{2n} \\ \vdots & \vdots & \ddots & \vdots \\ a_{n1} & a_{n2} & \cdots & a_{nn} \end{pmatrix}$ 的属于特征值 λ_0 的特征向量，那么

$$A\boldsymbol{\alpha} = \lambda_0 \boldsymbol{\alpha}$$

具体写出来，就是

$$\begin{pmatrix} a_{11} & a_{12} & \cdots & a_{1n} \\ a_{21} & a_{22} & \cdots & a_{2n} \\ \vdots & \vdots & \ddots & \vdots \\ a_{n1} & a_{n2} & \cdots & a_{nn} \end{pmatrix} \begin{pmatrix} c_1 \\ c_2 \\ \vdots \\ c_n \end{pmatrix} = \lambda_0 \begin{pmatrix} c_1 \\ c_2 \\ \vdots \\ c_n \end{pmatrix}$$

将等式两端乘开，得

$$\begin{cases} a_{11}c_1 + a_{12}c_2 + \cdots + a_{1n}c_n = \lambda_0 c_1 \\ a_{21}c_1 + a_{22}c_2 + \cdots + a_{2n}c_n = \lambda_0 c_2 \\ \vdots \qquad \vdots \qquad \vdots \qquad \vdots \\ a_{n1}c_1 + a_{n2}c_2 + \cdots + a_{nn}c_n = \lambda_0 c_n \end{cases}$$

移项，得

$$
\begin{cases}
(\lambda_0 - a_{11})c_1 - & a_{12}c_2 - \cdots - & a_{1n}c_n = & 0 \\
-a_{21}c_1 + & (\lambda_0 - a_{22})c_2 - \cdots - & a_{2n}c_n = & 0 \\
\vdots & \vdots & \vdots & \vdots \\
-a_{n1}c_1 - & a_{n2}c_2 - \cdots + & (\lambda_0 - a_{nn})c_n = & 0
\end{cases}
$$

这说明$(c_1, c_2, \cdots, c_n)$是齐次线性方程组

$$
\begin{cases}
(\lambda_0 - a_{11})c_1 - & a_{12}c_2 - \cdots - & a_{1n}c_n = & 0 \\
-a_{21}c_1 + & (\lambda_0 - a_{22})c_2 - \cdots - & a_{2n}c_n = & 0 \\
\vdots & \vdots & \vdots & \vdots \\
-a_{n1}c_1 - & a_{n2}c_2 - \cdots + & (\lambda_0 - a_{nn})c_n = & 0
\end{cases}
\tag{5.2}
$$

的一组解。这个齐次方程组既然有一组非零解，所以它的系数行列式等于零：

$$
\begin{vmatrix}
\lambda - a_{11} & \cdots & -a_{1n} \\
\vdots & \cdots & \vdots \\
-a_{n1} & \cdots & \lambda - a_{nn}
\end{vmatrix} = 0
$$

即

$$
|\lambda_0 \boldsymbol{E} - \boldsymbol{A}| = 0
$$

定义 3　$\boldsymbol{A}$ 是个 n 级矩阵，λ 是一个未知量。矩阵 $\lambda\boldsymbol{E} - \boldsymbol{A}$ 称为 $\boldsymbol{A}$ 的特征矩阵，它的行列式

$$
|\lambda\boldsymbol{E} - \boldsymbol{A}| =
\begin{vmatrix}
\lambda - a_{11} & \cdots & -a_{1n} \\
\vdots & \cdots & \vdots \\
-a_{n1} & \cdots & \lambda - a_{nn}
\end{vmatrix} = \lambda^n - (a_{11} + \cdots + a_{nn})\lambda^{n-1} + \cdots + (-1)^n |\boldsymbol{A}|
$$

即
$$
f(\lambda) = |\lambda\boldsymbol{E} - \boldsymbol{A}| = \lambda^n + a_1\lambda^{n-1} + \cdots + a_n
$$

这里 $a_1 = -(a_{11} + \cdots + a_{nn})$，$a_n = (-1)^n|\boldsymbol{A}|$。$f(\lambda)$ 是首项系数为 1 的 λ 的 n 次多项式，称为 $\boldsymbol{A}$ 的特征多项式。$f(\lambda)$ 的根称为 $\boldsymbol{A}$ 的特征根。n 阶矩阵有 n 个特征根。

可见，矩阵 $\boldsymbol{A}$ 的特征值就是 $\boldsymbol{A}$ 的特征多项式的根，所以特征值也称为特征根。

归纳以上讨论，可总结出矩阵 $\boldsymbol{A}$ 的特征值和特征向量的求法：

(1) 计算 $\boldsymbol{A}$ 的特征多项式 $f(\lambda) = |\lambda\boldsymbol{E} - \boldsymbol{A}|$。

(2) 求出 $f(\lambda)$ 在数域 P 中的全部根，就是 $\boldsymbol{A}$ 的全部特征值。

(3) 对于每个特征值 λ_0，求出齐次方程组的非零解，就是属于 λ_0 的特征向量。

手工计算例 10

设

$$
\boldsymbol{A} = \begin{pmatrix} -4 & -5 \\ 2 & 3 \end{pmatrix}
$$

求 $\boldsymbol{A}$ 的特征值和特征向量。

解：先求 $\boldsymbol{A}$ 的特征多项式

$$
|\lambda\boldsymbol{E} - \boldsymbol{A}| = \begin{vmatrix} \lambda + 4 & 5 \\ -2 & \lambda - 3 \end{vmatrix} = \lambda^2 + \lambda - 2 = 0
$$

解得 $\lambda_1 = 1$，$\lambda_2 = -2$。

把 λ_1 代入齐次线性方程组(5-2)中,得

$$\begin{cases} -4x_1 & -5x_2 = x_1 \\ 2x_1 & +3x_2 = x_2 \end{cases}$$

化简后,两个方程都变成 $x_1 = -x_2$,所以它的一个基础解系是 $\begin{pmatrix} 1 \\ -1 \end{pmatrix}$。

把 λ_2 代入式(5-2)中,可解得它的一个基础解系是 $\begin{pmatrix} 5 \\ -2 \end{pmatrix}$。

因此,A 的特征值为 1 和 -2,属于 1 的特征向量是 $p_1 = k_1 \begin{pmatrix} 1 \\ -1 \end{pmatrix}$,

属于 -2 的特征向量是 $p_2 = k_2 \begin{pmatrix} 5 \\ -2 \end{pmatrix}$($k_1, k_2$ 全不为零)。

手工计算例 11

求矩阵 A 的特征值和特征向量。

$$A = \begin{pmatrix} 1 & -2 & 2 \\ -2 & -2 & 4 \\ 2 & 4 & -2 \end{pmatrix}$$

解:先求 A 的特征多项式

$$|\lambda E - A| = \begin{vmatrix} \lambda-1 & 2 & -2 \\ -2 & \lambda+2 & -4 \\ -2 & -4 & \lambda+2 \end{vmatrix} = (\lambda-2)^2(\lambda+7)$$

所以,A 的特征值为 $\lambda_1 = 2, \lambda_2 = -7$。

把 λ_1 代入方程组(5-2)中,得

$$\begin{cases} x_1 + 2x_2 - 2x_3 = 0 \\ 2x_1 + 4x_2 - 4x_3 = 0 \\ -2x_1 - 4x_2 + 4x_3 = 0 \end{cases}$$

化简,得

$$x_1 + 2x_2 - 2x_3 = 0$$

它的一个基础解系是

$$\begin{pmatrix} 2 \\ 0 \\ 1 \end{pmatrix}, \quad \begin{pmatrix} 0 \\ 1 \\ 1 \end{pmatrix}$$

把 $\lambda_2 = -7$ 代入方程组(5-2)中,得

$$\begin{cases} -8x_1 + 2x_2 - 2x_3 = 0 \\ 2x_1 - 5x_2 - 4x_3 = 0 \\ -2x_1 - 4x_2 - 5x_3 = 0 \end{cases}$$

化简,得

$$\begin{cases} 2x_1 - 5x_2 - 4x_3 = 0 \\ x_2 + x_3 = 0 \end{cases}$$

它的一个基础解系是

$$\begin{bmatrix} 1 \\ 2 \\ -2 \end{bmatrix}$$

因此，A 的特征值为 2 和 -7。

属于 -7 的特征向量是

$$p_1 = k \begin{bmatrix} 1 \\ 2 \\ -2 \end{bmatrix} \quad (k \neq 0)$$

属于 2 的特征向量是

$$p_2 = k_1 \begin{bmatrix} 2 \\ 0 \\ 1 \end{bmatrix} + k_2 \begin{bmatrix} 0 \\ 1 \\ 1 \end{bmatrix} \quad (k_1, k_2 \text{ 不全为零})$$

5.2　求行列式值

在 MATLAB 中，求方阵行列式值的函数是"det"，式子 d＝det(X)的意思是计算方阵 X 的行列式值。方阵 X 的阶数不限。

5.2.1　求 3 阶行列式值

求两个 3 阶行列式的值。

【例 5.1】　求以下两个 3 阶行列式的值。

$$A = \begin{vmatrix} 1 & 2 & 3 \\ 5 & 6 & 7 \\ 13 & 14 & 15 \end{vmatrix}, \quad B = \begin{vmatrix} 3 & -3 & -2 \\ 5 & -5 & 1 \\ 5 & -1 & -3 \end{vmatrix}$$

解：在 MATLAB 命令窗口，执行命令

```
>> edit dett3.m
```

将程序修改为

```
% dett3.m
syms c d
A = [1 2 3;5 6 7;13 14 15];
B = [3 -3 -2;5 -5 1;5 -1 -3];
c = det(A)
d = det(B)
```

保存后执行命令

```
dett3
```

得

```
c =
    0
d =
  - 52
```

这表明行列式 A 的值为 0；行列式 B 的值为 -52。

5.2.2　求 4 阶行列式值

求两个 4 阶行列式的值。

【例 5.2】　求两个 4 阶行列式的值。

$$A = \begin{vmatrix} 1 & 2 & 3 & 4 \\ 5 & 6 & 7 & 8 \\ 9 & 10 & 11 & 12 \\ 13 & 14 & 15 & 16 \end{vmatrix}, \quad B = \begin{vmatrix} 1 & 0 & -1 & 2 \\ -2 & 1 & 3 & 1 \\ 0 & 1 & 0 & -1 \\ 1 & 3 & 4 & -2 \end{vmatrix}$$

解：在 MATLAB 命令窗口,执行命令

```
>> edit dett4.m
```

将程序修改为

```
% dett4.m
syms c d
A = [1 2 3 4;5 6 7 8;9 10 11 12;13 14 15 16];
B = [1 0 -1 2; -2 1 3 1;0 1 0 -1;1 3 4 -2];
c = det(A)
d = det(B)
```

保存后执行命令

```
Dett4
```

得

```
c =
    0
d =
   31
```

这表明行列式 A 的值为 0；行列式 B 的值为 31。

5.2.3　求 5 阶行列式值

求两个 5 阶行列式的值。

【例 5.3】　求两个 5 阶行列式的值。

$$A = \begin{vmatrix} 1 & 1 & 2 & 3 & 4 \\ 1 & 5 & 6 & 7 & 8 \\ 1 & 9 & 10 & 11 & 12 \\ 1 & 9 & 10 & 11 & 1 \\ 13 & 14 & 15 & 16 & 1 \end{vmatrix}, \quad B = \begin{vmatrix} 3 & -3 & 2 & 4 & 1 \\ 5 & -5 & 1 & 8 & 1 \\ 11 & 8 & 5 & -7 & 1 \\ 10 & 8 & 5 & -7 & 2 \\ 5 & -1 & -3 & -1 & 1 \end{vmatrix}$$

解：在 MATLAB 命令窗口,执行命令

```
>> edit dett5.m
```

将程序修改为

```
% dett5.m
syms c d
A = [1 1 2 3 4;1 5 6 7 8;1 9 10 11 12;1 9 10 11 1;13 14 15 16 1];
B = [3 - 3 - 2 4 1;5 - 5 1 8 1;11 8 5 - 7 1;10 8 5 - 7 2;5 - 1 - 3 - 1 1];
c = det(A)
d = det(B)
```

保存后执行命令

```
Dett5
```

得

```
c =
    0
d =
  - 686
```

这表明行列式 A 的值为 0；行列式 B 的值为 -686。

5.2.4 求 6 阶行列式值

求两个 6 阶行列式的值。

【例 5.4】 求两个 6 阶行列式的值。

$$A = \begin{vmatrix} 1 & 1 & 2 & 3 & 4 & 1 \\ 1 & 5 & 6 & 7 & 8 & 1 \\ 1 & 9 & 10 & 11 & 12 & 1 \\ 1 & 9 & 10 & 11 & 12 & 2 \\ 2 & 9 & 10 & 11 & 12 & 1 \\ 13 & 14 & 15 & 16 & 1 & 0 \end{vmatrix}, \quad B = \begin{vmatrix} 3 & -3 & -2 & 4 & 1 & 0 \\ 5 & -5 & 1 & 8 & 1 & 1 \\ 11 & 8 & 5 & -7 & 10 & 0 \\ 1 & 9 & 10 & 11 & 12 & 1 \\ 10 & 8 & 5 & -7 & 2 & 0 \\ 5 & -1 & -3 & -1 & 1 & 0 \end{vmatrix}$$

解：在 MATLAB 命令窗口,执行命令

```
>> edit dett6.m
```

将程序修改为

```
% dett6.m
syms c d
A = [1 1 2 3 4 1;1 5 6 7 8 1;1 9 10 11 12 1;1 9 10 11 12 2;2 9 10 11 12 1;13 14 15 16 1 0];
B = [3 - 3 - 2 4 1 0;5 - 5 1 8 1 1;11 8 5 - 7 1 0;1 9 10 11 12 1;10 8 5 - 7 2 0;5 - 1 - 3 - 1 1 0];
c = det(A)
d = det(B)
```

保存后执行命令

```
Dett6
```

得

```
c =
    0
d =
  - 2688
```

这表明行列式 A 的值为 0；行列式 B 的值为 -2688。

5.3　矩阵转置

在 MATLAB 中，求矩阵 A 的转置符号为 A'。若矩阵 A 的元素为实数，A' 表示对矩阵 A 的线性代数转换；若矩阵 A 为复数阵，A' 则表示复共轭转置。

5.3.1　将 3 阶矩阵转置

【例 5.5】　将以下的两个 3 阶矩阵转置。

$$A = \begin{pmatrix} 1 & 2 & 3 \\ 4 & 5 & 6 \\ 7 & 8 & 9 \end{pmatrix}, \quad B = \begin{pmatrix} 1 & 0 & -1 \\ -2 & 1 & 3 \\ 1 & 4 & -2 \end{pmatrix}$$

解：在 MATLAB 命令窗口，执行命令

```
>> edit zhuanzhi3.m
```

将程序修改为

```
% zhuanzhi3.m
syms c d
A = [1 2 3;4 5 6; 7 8 9 ]
B = [1 0 -1; -2 1 3;1 4 -2 ]
c = A'
d = B'
```

保存后执行命令

```
zhuanzhi3
```

得

```
A =
    1    2    3
    4    5    6
    7    8    9
B =
    1    0   -1
   -2    1    3
    1    4   -2
c =
    1    4    7
```

```
    2    5    8
    3    6    9
d =
    1  - 2    1
    0    1    4
  - 1    3  - 2
```

可见,3 阶矩阵 A 和 B 已分别转置为 c 和 d。

5.3.2　将 4 阶矩阵转置

【例 5.6】　将以下的两个 4 阶方阵转置。

$$A = \begin{pmatrix} 1 & 2 & 3 & 4 \\ 5 & 6 & 7 & 8 \\ 9 & 10 & 11 & 12 \\ 13 & 14 & 15 & 16 \end{pmatrix}, B = \begin{pmatrix} 1 & 0 & -1 & 2 \\ -2 & 1 & 3 & 1 \\ 0 & 1 & 0 & -1 \\ 1 & 3 & 4 & -2 \end{pmatrix}$$

解：在 MATLAB 命令窗口,执行命令

```
>> edit zhuanzhi4.m
```

将程序修改为

```
% zhuanzhi4.m
syms c d
A = [1 2 3 4;5 6 7 8;9 10 11 12;13 14 15 16]
B = [1 0 - 1 2; - 2 1 3 1;0 1 0 - 1;1 3 4 - 2]
c = A'
d = B'
```

保存后执行命令

```
zhuanzhi4
```

得

```
A =
    1    2    3    4
    5    6    7    8
    9   10   11   12
   13   14   15   16
B =
    1    0  - 1    2
  - 2    1    3    1
    0    1    0  - 1
    1    3    4  - 2
c =
    1    5    9   13
    2    6   10   14
    3    7   11   15
    4    8   12   16
d =
```

$$
\begin{matrix}
1 & -2 & 0 & 1 \\
0 & 1 & 1 & 3 \\
-1 & 3 & 0 & 4 \\
2 & 1 & -1 & -2
\end{matrix}
$$

可见,4 阶矩阵 A 和 B 已分别转置为 c 和 d。

5.3.3 将 5 阶矩阵转置

【例 5.7】 将以下 5 阶方阵转置。

$$
A = \begin{pmatrix}
1 & 1 & 2 & 3 & 4 \\
1 & 5 & 6 & 7 & 8 \\
1 & 9 & 10 & 11 & 12 \\
1 & 9 & 10 & 11 & 1 \\
13 & 14 & 15 & 16 & 1
\end{pmatrix}, \quad
B = \begin{pmatrix}
3 & -3 & 2 & 4 & 1 \\
5 & -5 & 1 & 8 & 1 \\
11 & 8 & 5 & -7 & 1 \\
10 & 8 & 5 & -7 & 2 \\
5 & -1 & -3 & -1 & 1
\end{pmatrix}
$$

解:在 MATLAB 命令窗口,执行命令

```
>> edit zhuanzhi5.m
```

将程序修改为

```
% zhuanzhi5.m
syms c d
A = [1 1 2 3 4;1 5 6 7 8;1 9 10 11 12;1 9 10 11 1;13 14 15 16 1]
B = [3 -3 -2 4 1;5 -5 1 8 1;11 8 5 -7 1;10 8 5 -7 2;5 -1 -3 -1 1]
c = A'
d = B'
```

保存后执行命令

```
zhuanzhi5
```

得

```
A =
    1    1    2    3    4
    1    5    6    7    8
    1    9   10   11   12
    1    9   10   11    1
   13   14   15   16    1
B =
    3   -3   -2    4    1
    5   -5    1    8    1
   11    8    5   -7    1
   10    8    5   -7    2
    5   -1   -3   -1    1
c =
    1    1    1    1   13
    1    5    9    9   14
    2    6   10   10   15
    3    7   11   11   16
```

4	8	12	1	1

d =

3	5	11	10	5
-3	-5	8	8	-1
-2	1	5	5	-3
4	8	-7	-7	-1
1	1	1	2	1

可见,5 阶矩阵 **A** 和 **B** 已分别转置为 **c** 和 **d**。

5.3.4 将 6 阶矩阵转置

【例 5.8】 将以下 6 阶方阵转置。

$$A = \begin{bmatrix} 1 & 2 & 3 & 4 & 5 & 6 \\ 7 & 8 & 9 & 0 & 1 & 2 \\ 3 & 4 & 5 & 6 & 7 & 8 \\ 9 & 0 & 1 & 2 & 3 & 4 \\ 5 & 6 & 7 & 8 & 9 & 0 \\ 1 & 2 & 3 & 4 & 5 & 6 \end{bmatrix}$$

解:在 MATLAB 命令窗口,执行命令

```
>> edit zhuanzhi6.m
```

将程序修改为

```
% zhuanzhi6.m
syms c d
A = [1 2 3 4 5 6;7 8 9 0 1 2;3 4 5 6 7 8;9 0 1 2 3 4;5 6 7 8 9 0;1 2 3 4 5 6]
c = A'
```

保存后执行命令

```
zhuanzhi6
```

得

A =

1	2	3	4	5	6
7	8	9	0	1	2
3	4	5	6	7	8
9	0	1	2	3	4
5	6	7	8	9	0
1	2	3	4	5	6

c =

1	7	3	9	5	1
2	8	4	0	6	2
3	9	5	1	7	3
4	0	6	2	8	4
5	1	7	3	9	5
6	2	8	4	0	6

可见,6 阶矩阵 **A** 已转置为 **c**。

5.4　矩阵相乘

5.4.1　两个 3 阶实矩阵相乘

任意的两个数都可以相乘,但任意的两个矩阵却不一定能相乘。两个矩阵能相乘的条件是第 1 个矩阵(被乘矩阵)的列数必须等于第 2 个矩阵(乘矩阵)的行数。在此规定下,任意两个同阶数的方阵可以相乘。任意的两个不同阶数的矩阵中只有那些满足第 1 个矩阵的列数等于第 2 个矩阵的行数的两个矩阵可以相乘。

在 MATLAB 中,"＊"为矩阵的乘法运算符。矩阵 A 乘矩阵 B 表示为 A＊B。用手工做 3 阶及 3 阶以上矩阵的乘法,比较烦琐,用 MATLAB 来做矩阵的乘法很方便。

【例 5.9】　求以下两个 3 阶实方阵相乘之积。

$$A = \begin{pmatrix} 1 & 3 & -2 \\ -2 & -1 & 5 \\ 3 & -3 & 2 \end{pmatrix}, \quad B = \begin{pmatrix} 4 & 5 & -1 \\ 2 & -2 & 6 \\ 0 & 3 & -5 \end{pmatrix}$$

解:在 MATLAB 命令窗口,执行命令

```
>> edit matmult33.m
```

将程序修改为

```
% matmult33.m
syms A B C
A = [1 3 -2; -2 -1 5;3 -3 2]
B = [4 5 -1;2 -2 6;0 3 -5]
C = A * B
```

保存后执行命令

```
matmult33
```

得

```
A =
    1    3   -2
   -2   -1    5
    3   -3    2
B =
    4    5   -1
    2   -2    6
    0    3   -5
C =
   10   -7   27
  -10    7  -29
    6   27  -31
```

可见,两个 3 阶实方阵相乘的结果,仍是 3 阶实方阵。即 $C = AB = \begin{pmatrix} 10 & -7 & 27 \\ -10 & 7 & -29 \\ 6 & 27 & -31 \end{pmatrix}$

5.4.2 两个 4 阶实矩阵相乘

【例 5.10】 求以下两个 4 阶实方阵相乘之积。

$$A = \begin{pmatrix} 1 & 3 & -2 & 0 \\ -2 & -1 & 5 & -7 \\ 0 & 8 & 4 & 1 \\ 3 & -3 & 2 & -4 \end{pmatrix}, \quad B = \begin{pmatrix} 4 & 5 & -1 & 1 \\ 2 & -2 & 6 & 1 \\ 7 & 8 & 1 & 1 \\ 0 & 3 & -5 & 1 \end{pmatrix}$$

解:在 MATLAB 命令窗口,执行命令

```
>> edit matmult44.m
```

将程序修改为

```
% matmult44.m
syms A B C
A = [1 3 -2 0;-2 -1 5 -7;0 8 4 1;3 -3 2 -4]
B = [4 5 -1 1;2 -2 6 1;7 8 1 1;0 3 -5 1]
C = A * B
```

保存后执行命令

```
Matmult44
```

得

```
A =
    1    3   -2    0
   -2   -1    5   -7
    0    8    4    1
    3   -3    2   -4
B =
    4    5   -1    1
    2   -2    6    1
    7    8    1    1
    0    3   -5    1
C =
   -4  -17   15    2
   25   11   36   -5
   44   19   47   13
   20   25    1   -2
```

可见,两个 4 阶实方阵相乘的结果,仍是 4 阶实方阵。即

$$C = AB = \begin{pmatrix} -4 & -17 & 15 & 2 \\ 25 & 11 & 36 & -5 \\ 44 & 19 & 47 & 13 \\ 20 & 25 & 1 & -2 \end{pmatrix}$$

5.4.3 两个 5 阶实矩阵相乘

【例 5.11】 求以下两个 5 阶实方阵相乘之积。

$$A = \begin{pmatrix} 1 & 3 & -2 & 0 & 1 \\ -2 & -1 & 5 & -7 & 1 \\ 0 & 8 & 4 & 1 & 1 \\ 0 & 8 & 4 & 1 & 1 \\ 3 & -3 & 2 & -4 & 1 \end{pmatrix}, \quad B = \begin{pmatrix} 4 & 5 & -1 & 1 & 0 \\ 2 & -2 & 6 & 1 & 0 \\ 7 & 8 & 1 & 1 & 1 \\ 0 & 8 & 4 & 1 & 1 \\ 0 & 3 & -5 & 1 & 0 \end{pmatrix}$$

解：在 MATLAB 命令窗口,执行命令

```
>> edit matmult55.m
```

将程序修改为

```
% matmult55.m
syms A B C
A = [1 3 -2 0 1; -2 -1 5 -7 1;0 8 4 1 1;0 8 4 1 1;3 -3 2 -4 1]
B = [4 5 -1 1 0;2 -2 6 1 0;7 8 1 1 1;0 8 4 1 1;0 3 -5 1 0]
C = A * B
```

保存后执行命令

```
Matmult55
```

得

```
A =
    1     3    -2     0     1
   -2    -1     5    -7     1
    0     8     4     1     1
    0     8     4     1     1
    3    -3     2    -4     1
B =
    4     5    -1     1     0
    2    -2     6     1     0
    7     8     1     1     1
    0     8     4     1     1
    0     3    -5     1     0
C =
   -4   -14    10     3    -2
   25   -21   -32    -4    -2
   44    27    51    14     5
   44    27    51    14     5
   20     8   -40    -1    -2
```

可见,两个 5 阶实方阵相乘的结果,仍是 5 阶实方阵。即

$$C = AB = \begin{pmatrix} -4 & -14 & 10 & 3 & -2 \\ 25 & -21 & -32 & -4 & -2 \\ 44 & 27 & 51 & 14 & 5 \\ 44 & 27 & 51 & 14 & 5 \\ 20 & 8 & -40 & -1 & -2 \end{pmatrix}$$

5.4.4 一个 4×5 矩阵与一个 5×3 矩阵相乘

【例 5.12】 求以下 4×5 实矩阵与 5×3 实矩阵相乘之积。

$$
A = \begin{pmatrix} 1 & 3 & -2 & 0 & 4 \\ -2 & -1 & 5 & -7 & 2 \\ 0 & 8 & 4 & 1 & -5 \\ 3 & -3 & 2 & -4 & 1 \end{pmatrix}, \quad
B = \begin{pmatrix} 4 & 5 & -1 \\ 2 & -2 & 6 \\ 7 & 8 & 1 \\ 0 & 3 & -5 \\ 9 & 8 & -6 \end{pmatrix}
$$

解：在 MATLAB 命令窗口,执行命令

```
>> edit matmult45.m
```

将程序修改为

```
% matmult45.m
syms A B C
A = [1 3 -2 0 4; -2 -1 5 -7 2;0 8 4 1 -5;3 -3 2 -4 1]
B = [4 5 -1;2 -2 6;7 8 1;0 3 -5;9 8 -6]
C = A * B
```

保存后执行命令

```
Matmult45
```

得

```
A =
    1    3   -2    0    4
   -2   -1    5   -7    2
    0    8    4    1   -5
    3   -3    2   -4    1
B =
    4    5   -1
    2   -2    6
    7    8    1
    0    3   -5
    9    8   -6
C =
   32   15   -9
   43   27   24
   -1  -21   77
   29   33   -5
```

可见,4×5 实矩阵与 5×3 实矩阵相乘的结果,是一个 4×3 实矩阵。即

$$
C = AB = \begin{pmatrix} 32 & 15 & -9 \\ 43 & 27 & 24 \\ -1 & -21 & 77 \\ 29 & 33 & -5 \end{pmatrix}
$$

这个 $4×5$ 实矩阵与 $5×3$ 实矩阵相乘就满足前面说的"第 1 个矩阵的列数必须等于第 2 个矩阵的行数"的规定。

5.5　矩阵求逆

在 $MATLAB$ 中,求矩阵的逆阵的函数为 inv,$Y=inv(X)$ 表示求方阵 X 的逆阵 Y。若 X 为奇异矩阵,系统将给出警告信息。一个矩阵的逆阵和它本身相乘结果为同阶单位矩阵。这也是验算所求逆阵正确与否的方法。

5.5.1　求 2 阶矩阵的逆阵

【例 5.13】　求以下 2 阶实矩阵的逆阵。

$$A = \begin{pmatrix} 2 & 1 \\ 1 & -1 \end{pmatrix}$$

解:在 MATLAB 命令窗口,执行命令

```
>> edit invv22.m
```

将程序修改为

```
% invv22.m
syms A B C
A = [2 1;1 -1 ]
B = inv(A)
C = A * B
```

保存后执行命令

```
Invv22
```

得

```
A =
    2     1
    1    -1
B =
    0.3333    0.3333
    0.3333  - 0.6667
C =
    1.0000         0
    0.0000    1.0000
```

由上可见,A 为输入的矩阵;B 为输出的逆阵;C 为输入矩阵和逆阵的乘积。输出的逆阵为

$$B = \begin{pmatrix} 0.3333 & 0.3333 \\ 0.3333 & -0.6666 \end{pmatrix}$$

输入矩阵和逆阵的乘积 C 为

$$C = \begin{pmatrix} 1.0 & 0.0 \\ 0.0 & 1.0 \end{pmatrix}$$

5.5.2 求 3 阶矩阵的逆阵

【例 5.14】 求以下 3 阶实矩阵的逆阵。

$$A = \begin{bmatrix} 2 & 1 & 1 \\ 3 & 1 & 2 \\ 1 & -1 & 0 \end{bmatrix}$$

解：在 MATLAB 命令窗口，执行命令

```
>> edit invv33.m
```

将程序修改为

```
% invv33.m
syms A B C
A = [ 2 1 1;3 1 2;1 -1 0 ]
B = inv(A)
C = A * B
```

保存后执行命令

```
invv33
```

得

```
A =
    2       1    1
    3       1    2
    1      -1    0
B =
    1.0000   -0.5000    0.5000
    1.0000   -0.5000   -0.5000
   -2.0000    1.5000   -0.5000
C =
    1.0000   -0.0000   -0.0000
         0    1.0000   -0.0000
         0         0    1.0000
```

A 为输入的矩阵；B 为输出的逆阵；C 为输入矩阵和逆阵的乘积。由上可见，输出的逆阵为

$$B = \begin{pmatrix} 1.0 & -0.5 & 0.5 \\ 1.0 & -0.5 & -0.5 \\ -2 & 1.5 & -0.5 \end{pmatrix}$$

输入矩阵和逆阵的乘积 C 为

$$C = \begin{pmatrix} 1.0 & 0.0 & 0.0 \\ 0.0 & 1.0 & 0.0 \\ 0.0 & 0.0 & 1.0 \end{pmatrix}$$

5.5.3 求 4 阶矩阵的逆阵

【例 5.15】 求以下 4 阶实矩阵的逆阵。

$$A = \begin{pmatrix} 0.2368 & 0.2471 & 0.2568 & 1.2671 \\ 1.1161 & 0.1254 & 0.1397 & 0.1490 \\ 0.1582 & 1.1675 & 0.1768 & 0.1871 \\ 0.1968 & 0.2071 & 1.2168 & 0.2271 \end{pmatrix}$$

解：在 MATLAB 命令窗口,执行命令

```
>> edit invv44.m
```

将程序修改为

```
% invv44.m
syms A B C
A = [0.2368 0.2471 0.2568 1.2671;1.1161 0.1254 0.1397 0.14903;0.1582 1.1675 0.1768 0.1871;
0.1968 0.2071 1.2168 0.2271 ]
B = inv(A)
C = A * B
```

保存后执行命令

```
Invv44
```

得

```
A =
    0.2368    0.2471    0.2568    1.2671
    1.1161    0.1254    0.1397    0.1490
    0.1582    1.1675    0.1768    0.1871
    0.1968    0.2071    1.2168    0.2271
B =
  - 0.0859    0.9379  - 0.0684  - 0.0796
  - 0.1056  - 0.0885    0.9060  - 0.0992
  - 0.1271  - 0.1114  - 0.1170    0.8784
    0.8516  - 0.1355  - 0.1402  - 0.1438
C =
    1.0000    0.0000  - 0.0000         0
         0    1.0000    0.0000    0.0000
         0         0    1.0000         0
  - 0.0000  - 0.0000  - 0.0000    1.0000
```

A 为输入的矩阵；*B* 为输出的逆阵；*C* 为输入矩阵和逆阵的乘积。由上可见,输出的逆阵为

$$B = \begin{pmatrix} -0.0859 & 0.9379 & -0.0684 & -0.0796 \\ -0.1055 & -0.0885 & 0.9059 & -0.0991 \\ -0.1270 & -0.1113 & -0.1169 & 0.8784 \\ 0.8516 & -0.1354 & -0.1401 & -0.1438 \end{pmatrix}$$

输入矩阵和逆阵的乘积 C 为

$$C = \begin{pmatrix} 1.0 & 0.0 & 0.0 & 0.0 \\ 0.0 & 1.0 & 0.0 & 0.0 \\ 0.0 & 0.0 & 1.0 & 0.0 \\ 0.0 & 0.0 & 0.0 & 1.0 \end{pmatrix}$$

5.5.4 求 5 阶矩阵的逆阵

【例 5.16】 求以下 5 阶实矩阵的逆阵。

$$A = \begin{pmatrix} 0.2368 & 0.2471 & 0.2568 & 1.2671 & 1.0 \\ 1.1161 & 0.1254 & 0.1397 & 0.1490 & 1.0 \\ 0.1582 & 1.1675 & 0.1768 & 0.1871 & 1.0 \\ 0.1582 & 1.1675 & 0.1768 & 0.1871 & 0.0 \\ 0.1968 & 0.2071 & 1.2168 & 0.2271 & 2.0 \end{pmatrix}$$

解：在 MATLAB 命令窗口，执行命令

```
>> edit invv55.m
```

将程序修改为

```
% invv55.m
syms A B C
A = [ 0.2368 0.2471 0.2568 1.2671 1;1.1161 0.1254 0.1397 0.14903 1;0.1582 1.1675 0.1768
0.1871 1;0.1582 1.1675 0.1768 0.1871 0;0.1968 0.2071 1.2168 0.2271 2.0 ]
B = inv(A)
C = A * B
```

保存后执行命令

```
Invv55
```

得

```
A =
    0.2368    0.2471    0.2568    1.2671    1.0000
    1.1161    0.1254    0.1397    0.1490    1.0000
    0.1582    1.1675    0.1768    0.1871    1.0000
    0.1582    1.1675    0.1768    0.1871         0
    0.1968    0.2071    1.2168    0.2271    2.0000
B =
   -0.0859    0.9379   -0.6928    0.6244   -0.0796
   -0.1056   -0.0885    0.3925    0.5135   -0.0992
   -0.1271   -0.1114   -1.5184    1.4015    0.8784
```

```
     0.8516    - 0.1355    - 0.4285      0.2884    - 0.1438
          0          0      1.0000    - 1.0000           0
C =
     1.0000     0.0000      0.0000    - 0.0000           0
          0     1.0000      0.0000    - 0.0000      0.0000
          0     0.0000      1.0000    - 0.0000           0
          0     0.0000      0.0000      1.0000           0
   - 0.0000     0.0000    - 0.0000      0.0000      1.0000
```

A 为输入的矩阵；B 为输出的逆阵；C 为输入矩阵和逆阵的乘积。由上可见，输出的逆阵为

$$B = \begin{pmatrix} -0.0859 & 0.9379 & -0.6928 & 0.6243 & -0.0796 \\ -0.1055 & -0.0885 & 0.3925 & 0.5134 & -0.0992 \\ -0.1270 & -0.1114 & -1.5184 & 1.4015 & 0.8784 \\ 0.8516 & -0.1355 & -0.4285 & 0.2884 & -0.1438 \\ 0.0000 & 0.0000 & 1.0000 & -1.000 & 0.0000 \end{pmatrix}$$

输入矩阵和逆阵的乘积 C 为

$$C = \begin{pmatrix} 1.0 & 0.0 & 0.0 & 0.0 & 0.0 \\ 0.0 & 1.0 & 0.0 & 0.0 & 0.0 \\ 0.0 & 0.0 & 1.0 & 0.0 & 0.0 \\ 0.0 & 0.0 & 0.0 & 1.0 & 0.0 \\ 0.0 & 0.0 & 0.0 & 0.0 & 1.0 \end{pmatrix}$$

5.5.5　求 6 阶矩阵的逆阵

【例 5.17】　求以下 6 阶实矩阵的逆阵。

$$A = \begin{pmatrix} 0.2368 & 0.2471 & 0.2568 & 1.2670 & 1.0 & 1.0 \\ 1.1160 & 0.1254 & 0.1397 & 0.1490 & 1.0 & 0.4 \\ 0.1582 & 1.1680 & 0.1768 & 0.1871 & 1.0 & 0.3 \\ 0.1582 & 1.1680 & 0.1768 & 0.1871 & 0.0 & 0.0 \\ 0.1582 & 1.1680 & 0.1768 & 0.1871 & 1.0 & 0.2 \\ 0.1968 & 0.2071 & 1.2170 & 0.2271 & 2.0 & 0.0 \end{pmatrix}$$

解：在 MATLAB 命令窗口，执行命令

```
>> edit invv66.m
```

将程序修改为

```
% invv66.m
syms A B C
A = [0.2368 0.2471 0.2568 1.2671 1 1;1.1161 0.1254 0.1397 0.14903 1 0.4;0.1582 1.1675 0.1768
0.1871 1 0.3;0.1582 1.1675 0.1768 0.1871 0 0;0.1582 1.1675 0.1768 0.1871 1 0.2;0.1968 0.2071
1.2168 0.2271 2 0 ]
B = inv(A)
C = A * B
```

保存后执行命令

Invv66

得

```
A =
     0.2368    0.2471    0.2568    1.2671    1.0000    1.0000
     1.1161    0.1254    0.1397    0.1490    1.0000    0.4000
     0.1582    1.1675    0.1768    0.1871    1.0000    0.3000
     0.1582    1.1675    0.1768    0.1871         0         0
     0.1582    1.1675    0.1768    0.1871    1.0000    0.2000
     0.1968    0.2071    1.2168    0.2271    2.0000         0
B =
   - 0.0859    0.9379  - 1.5068    0.6244    0.8140  - 0.0796
   - 0.1056  - 0.0885    0.6250    0.5135  - 0.2325  - 0.0992
   - 0.1271  - 0.1114    4.7530    1.4015  - 6.2714    0.8784
     0.8516  - 0.1355  - 7.1172    0.2884    6.6887  - 0.1438
          0  - 0.0000  - 2.0000  - 1.0000    3.0000         0
          0         0   10.0000         0 - 10.0000         0
C =
     1.0000  - 0.0000         0  - 0.0000         0         0
          0    1.0000  - 0.0000  - 0.0000    0.0000    0.0000
          0  - 0.0000    1.0000  - 0.0000         0         0
          0    0.0000         0    1.0000         0         0
          0  - 0.0000         0  - 0.0000    1.0000         0
   - 0.0000    0.0000    0.0000    0.0000  - 0.0000    1.0000
```

A 为输入的矩阵；B 为输出的逆阵；C 为输入矩阵和逆阵的乘积。由上可见,输出的逆阵为

$$
B = \begin{pmatrix}
-0.0859 & 0.9379 & -1.5070 & 0.6244 & 0.8141 & -0.0796 \\
-0.1056 & -0.0885 & 0.6250 & 0.5135 & -0.2325 & -0.0992 \\
-0.1271 & -0.1114 & 4.7530 & 1.4010 & -6.2710 & 0.8784 \\
0.8516 & -0.1355 & -7.117 & 0.2884 & 6.6890 & -0.1438 \\
0.0 & 0.0 & -2.0 & -1.0 & 3.0 & 0.0 \\
0.0 & 0.0 & 10.0 & 0.0 & -10.0 & 0.0
\end{pmatrix}
$$

输入矩阵和逆阵的乘积 C 为

$$
C = \begin{pmatrix}
1.0 & 0.0 & 0.0 & 0.0 & 0.0 & 0.0 \\
0.0 & 1.0 & 0.0 & 0.0 & 0.0 & 0.0 \\
0.0 & 0.0 & 1.0 & 0.0 & 0.0 & 0.0 \\
0.0 & 0.0 & 0.0 & 1.0 & 0.0 & 0.0 \\
0.0 & 0.0 & 0.0 & 0.0 & 1.0 & 0.0 \\
0.0 & 0.0 & 0.0 & 0.0 & 0.0 & 1.0
\end{pmatrix}
$$

5.6 求矩阵的特征值和特征向量

在 MATLAB 中,计算矩阵的特征值和特征向量的函数为 eig,语法:d＝eig(A),求矩阵的特征向量 d。[V,D]＝eig(A),计算矩阵 A 的特征值对角阵 D 和特征向量 V。这里"特征值对角阵 D"是指对角阵 D 对角上的各元素,即,矩阵 A 的各个特征值。

5.6.1 求 2 阶矩阵的特征值和特征向量

【例 5.18】 求以下 2 阶矩阵的特征值和特征向量。

$$A = \begin{pmatrix} -4 & -5 \\ 2 & 3 \end{pmatrix}$$

解:在 MATLAB 命令窗口,执行命令

```
>> A = [-4 -5; 2 3]
A =
    -4    -5
     2     3
>> [V, D] = eig(A)
V =
    -0.9285    0.7071
     0.3714   -0.7071
D =
    -2    0
     0    1
```

这表明,矩阵 A 的特征值为 1 和 -2。

特征值 1 对应的特征向量是 $p_1 = \begin{pmatrix} 0.7071 \\ -0.7071 \end{pmatrix}$

特征值 -2 对应的特征向量是 $p_2 = \begin{pmatrix} -0.9285 \\ 0.37140 \end{pmatrix}$

与前面计算的同一题的手工计算例 10 比较,发现两个特征值是相同的,但两个特征值分别对应的特征向量并不相同。但把手工计算例 10 中的 k1 取 1/0.7071,k2 取 -1/0.1857,两种方法算出的结果就相同了。这也说明这两种特征向量之间只差一个比例系数。

【例 5.19】 求以下 2 阶矩阵的特征值和特征向量。

$$A = \begin{pmatrix} 3 & 4 \\ 2 & 7 \end{pmatrix}$$

解:在 MATLAB 命令窗口,执行命令

```
>> A = [3 4; 2 7]
A =
     3     4
     2     7
>> [V,D] = eig(A)
```

```
V =
    - 0.9391   - 0.5907
      0.3437   - 0.8069
D =
    1.5359            0
         0       8.4641
```

可见,矩阵 A 的两个特征值分别是 1.5359 和 8.4641。

属于特征值 1.5359 的特征向量是 $p_1 = k_1 \begin{pmatrix} -0.9391 \\ 0.3427 \end{pmatrix}$

属于特征值 8.4641 的特征向量是 $p_2 = k_2 \begin{pmatrix} -0.5907 \\ -0.8069 \end{pmatrix}$ (k_1, k_2 全不为零)

5.6.2 求 3 阶矩阵的特征值和特征向量

【例 5.20】 求以下 3 阶矩阵的特征值和特征向量。

$$A = \begin{pmatrix} -1 & 1 & 0 \\ -4 & 3 & 0 \\ 1 & 0 & 2 \end{pmatrix}$$

解:在 MATLAB 命令窗口,执行命令

```
>> A = [ - 1 1 0; - 4 3 0;1 0 2]
A =
    - 1     1     0
    - 4     3     0
      1     0     2
>> [V, D] = eig (A)
V =
         0    0.4082    0.4082
         0    0.8165    0.8165
    1.0000  - 0.4082  - 0.4082
D =
      2     0     0
      0     1     0
      0     0     1
```

可见,矩阵 A 的特征值是 2 和 1。

属于特征根 2 的特征向量是 $p_1 = k \begin{pmatrix} 0.0 \\ 0.0 \\ 1.0 \end{pmatrix}$ (k 不为零)

属于 2 重特征根 1 的特征向量是 $p_2 = k_1 \begin{pmatrix} 0.4082 \\ 0.8165 \\ -0.4082 \end{pmatrix}$ (k_1 不为零)

【例 5.21】 求以下 3 阶矩阵的特征值和特征向量。

$$A = \begin{pmatrix} 0 & 0 & 1 \\ 0 & 1 & 0 \\ 1 & 0 & 0 \end{pmatrix}$$

◆

解：在 MATLAB 命令窗口，执行命令

```
>> A = [ 0 0 1;0 1 0;1 0 0]
A =
     0    0    1
     0    1    0
     1    0    0
>> [V, D] = eig (A)
V =
     0.7071     0.7071          0
          0          0    -1.0000
    -0.7071     0.7071          0
D =
    -1    0    0
     0    1    0
     0    0    1
```

可见，矩阵 A 的特征值是-1和1。

属于特征值-1的特征向量是 $p_1 = k \begin{bmatrix} 0.7071 \\ 0.0 \\ -0.7071 \end{bmatrix}$ （k 不为零）

属于 2 重特征根 1 的特征向量是 $p_2 = k_1 \begin{bmatrix} 0.7071 \\ 0.0 \\ 0.7071 \end{bmatrix} + k_2 \begin{bmatrix} 0.0 \\ -1.0 \\ 0.0 \end{bmatrix}$ （k_1, k_2 不全为零）

5.6.3 求 4 阶矩阵的特征值和特征向量

【例 5.22】 求以下 4 阶矩阵的特征值和特征向量。

$$A = \begin{bmatrix} 2 & -1 & -1 & 1 \\ -1 & 2 & 1 & -1 \\ -1 & 1 & 2 & -1 \\ 1 & -1 & -1 & 2 \end{bmatrix}$$

解：在 MATLAB 命令窗口，执行命令

```
>> A = [2 -1 -1 1; -1 2 1 -1; -1 1 2 -1;1 -1 -1 2]
A =
     2    -1    -1     1
    -1     2     1    -1
    -1     1     2    -1
     1    -1    -1     2
>> [V, D] = eig (A)
V =
    0.7887    0.2113    0.2887   -0.5000
    0.2113    0.7887   -0.2887    0.5000
    0.5774   -0.5774   -0.2887    0.5000
         0         0   -0.8660   -0.5000
D =
     1     0     0     0
```

$$\begin{array}{cccc} 0 & 1 & 0 & 0 \\ 0 & 0 & 1 & 0 \\ 0 & 0 & 0 & 5 \end{array}$$

可见，矩阵 $\boldsymbol{A}$ 的特征值是 1 和 5。

属于 5 的特征向量是 $\boldsymbol{p}_1 = k \begin{pmatrix} -0.5 \\ 0.5 \\ 0.5 \\ -0.5 \end{pmatrix}$ （k 不为零）

属于 1 的特征向量是 $\boldsymbol{p}_2 = k_1 \begin{pmatrix} 0.7887 \\ 0.2113 \\ 0.5774 \\ 0.0 \end{pmatrix} + k_2 \begin{pmatrix} 0.2113 \\ 0.7887 \\ -0.5774 \\ 0.0 \end{pmatrix} + k_3 \begin{pmatrix} 0.2887 \\ -0.2887 \\ -0.2887 \\ -0.8660 \end{pmatrix}$ （k_1，k_2，k_3

不全为零）

【例 5.23】　求以下 4 阶矩阵的特征值和特征向量。

$$\boldsymbol{A} = \begin{pmatrix} 3 & 1 & 0 & -1 \\ 1 & 3 & -1 & 0 \\ 0 & -1 & 3 & 1 \\ -1 & 0 & 1 & 3 \end{pmatrix}$$

解：在 MATLAB 命令窗口，执行命令

```
>> A = [3 1 0 -1;1 3 -1 0;0 -1 3 1; -1 0 1 3]
A =
     3     1     0    -1
     1     3    -1     0
     0    -1     3     1
    -1     0     1     3
>> [V, D] = eig(A)
V =
    0.5000    0.7071    0.0000    0.5000
   -0.5000   -0.0000    0.7071    0.5000
   -0.5000    0.7071    0.0000   -0.5000
    0.5000         0    0.7071   -0.5000
D =
    1.0000         0         0         0
         0    3.0000         0         0
         0         0    3.0000         0
         0         0         0    5.0000
```

可见，矩阵 $\boldsymbol{A}$ 的特征值是 1、3 和 5。

属于 1 的特征向量是 $\boldsymbol{p}_1 = k_0 \begin{pmatrix} 0.5 \\ -0.5 \\ -0.5 \\ 0.5 \end{pmatrix}$ （k_0 不为零）

属于 3 的特征向量是 $\boldsymbol{p}_2 = k_1 \begin{bmatrix} 0.7071 \\ 0.000 \\ 0.7071 \\ 0.0 \end{bmatrix} + k_2 \begin{bmatrix} 0.000 \\ 0.7071 \\ 0.0000 \\ 0.7071 \end{bmatrix}$ （k_1，k_2 不全为零）

属于 5 的特征向量是 $\boldsymbol{p}_3 = k_3 \begin{bmatrix} 0.5 \\ 0.5 \\ -0.5 \\ -0.5 \end{bmatrix}$ （k_3 不为零）

5.7 小结

本章矩阵计算，包括用 MATLAB 语言求行列式的值、矩阵转置、矩阵相乘、矩阵求逆和求矩阵的特征值和特征向量等。

第6章

解多元一次线性方程组

什么是方程？含有未知数的等式称为方程。使方程左右两边的值相等的未知数的值，称为方程的解。求方程解的过程，称为解方程。

方程种类很多。主要可分为线性方程和非线性方程两大类。线性方程包括多元一次线性方程组和一元一次方程。多元一次线性方程组的特点是：方程的未知数为 n 个，每个未知数的次数都是 1，有几个未知数，就有几个方程。一元一次方程是只有一个未知数，且未知数的次数是 1 的方程，这是最简单的一类方程。除上述两种方程外，其余方程都归入非线性方程这一大类中。例如二次以上的一元多次方程，又称为高次方程，属于非线性方程。超越方程也属于非线性方程。

本章讨论如何解多元一次线性方程组。我们知道，多元一次线性方程组方程的系数既可以为实数，也可以为复数，这样多元一次线性方程组又可分为两大类：一类是实系数多元一次线性方程组，一类是复系数多元一次线性方程组。

解多元一次线性方程组在各类工程计算上广泛使用，解复系数多元一次线性方程组多用在交流电计算中。

6.1　多元一次方程组简介

多元一次方程组是指含有 n 个未知数 $x_1, x_2, \cdots, x_n$ 的 n 个线性方程的方程组。

1. 线性方程组的形式

含有 n 个未知量的 n 个方程的线性方程组取如下形式：

$$\begin{cases} a_{11}x_1 + a_{12}x_2 + \cdots + a_{1n}x_n = b_1 \\ a_{21}x_1 + a_{22}x_2 + \cdots + a_{2n}x_n = b_2 \\ \quad\vdots \qquad\quad \vdots \qquad\qquad \vdots \qquad\quad \vdots \\ a_{n1}x_1 + a_{n2}x_2 + \cdots + a_{nn}x_n = b_n \end{cases} \tag{1}$$

当常数项 $b_1, b_2, \cdots, b_n$ 不全为零时，式(1)称为非齐次线性方程组。

如果记

$$A = \begin{bmatrix} a_{11} & a_{12} & \cdots & a_{1n} \\ a_{21} & a_{22} & \cdots & a_{2n} \\ \vdots & \vdots & \ddots & \vdots \\ a_{n1} & a_{n2} & \cdots & a_{nn} \end{bmatrix}$$

$$x = (x_1, x_2, \cdots, x_n)^\tau$$

$$b = (b_1, b_2, \cdots, b_n)^\tau$$

式中,τ 表示转置,那么线性方程组(1)可写成矩阵形式:

$$Ax = b \tag{2}$$

此方程组有三种解法:求逆矩阵法、克莱姆法则和消元法。

2. 用克莱姆法则解线性方程组

若 $|A| \neq 0$,线性方程组(1)的解为

$$x_1 = \frac{\Delta_1}{|A|}, x_2 = \frac{\Delta_2}{|A|}, \cdots, x_n = \frac{\Delta_n}{|A|}$$

式中

$$\Delta_1 = \begin{bmatrix} b_1 & a_{12} & \cdots & a_{1n} \\ b_2 & a_{22} & \cdots & a_{2n} \\ \vdots & \vdots & \ddots & \vdots \\ b_n & a_{n2} & \cdots & a_{nn} \end{bmatrix},$$

$$\Delta_2 = \begin{bmatrix} a_{11} & b_1 & a_{13} & \cdots & a_{1n} \\ a_{21} & b_2 & a_{23} & \cdots & a_{2n} \\ \vdots & \vdots & \vdots & \ddots & \vdots \\ a_{n1} & b_n & a_{n3} & \cdots & a_{nn} \end{bmatrix}, \cdots, \Delta_n = \begin{bmatrix} a_{11} & a_{12} & \cdots & a_{1,n-1} & b_1 \\ a_{21} & a_{22} & \cdots & a_{2,n-1} & b_2 \\ \vdots & \vdots & \ddots & \vdots & \vdots \\ a_{n1} & a_{n2} & \cdots & a_{n,n-1} & b_n \end{bmatrix}$$

这里 $\Delta_j(j=1,2,\cdots,n)$ 是以常数项矢量 b 替换 A 中第 j 列矢量后得到的 n 阶行列式。

特别地,2 阶线性方程组

$$\begin{cases} a_1 x + b_1 y = c_1 \\ a_2 x + b_2 y = c_2 \end{cases}$$

的解为

$$x = \frac{\Delta_x}{\Delta}, \quad y = \frac{\Delta_y}{\Delta}$$

式中

$$\Delta = \begin{vmatrix} a_1 & b_1 \\ a_2 & b_2 \end{vmatrix} \neq 0, \quad \Delta_x = \begin{vmatrix} c_1 & b_1 \\ c_2 & b_2 \end{vmatrix}, \quad \Delta_y = \begin{vmatrix} a_1 & c_1 \\ a_2 & c_2 \end{vmatrix}$$

3 阶线性方程组

$$\begin{cases} a_1 x + b_1 y + c_1 z = d_1 \\ a_2 x + b_2 y + c_2 z = d_2 \\ a_3 x + b_3 y + c_3 z = d_3 \end{cases}$$

的解为

$$x = \frac{\Delta_x}{\Delta}, \quad y = \frac{\Delta_y}{\Delta}, \quad z = \frac{\Delta_z}{\Delta}$$

式中

$$\Delta = \begin{vmatrix} a_1 & b_1 & c_1 \\ a_2 & b_2 & c_2 \\ a_3 & b_3 & c_3 \end{vmatrix} \neq 0, \quad \Delta_x = \begin{vmatrix} d_1 & b_1 & c_1 \\ d_2 & b_2 & c_2 \\ d_3 & b_3 & c_3 \end{vmatrix},$$

$$\Delta_y = \begin{vmatrix} a_1 & d_1 & c_1 \\ a_2 & d_2 & c_2 \\ a_3 & d_3 & c_3 \end{vmatrix}, \quad \Delta_z = \begin{vmatrix} a_1 & b_1 & d_1 \\ a_2 & b_2 & d_2 \\ a_3 & b_3 & d_3 \end{vmatrix}$$

3. 逆矩阵法

当 $|\boldsymbol{A}| \neq 0$,即 $\boldsymbol{A}$ 的行列式不为 0 时,线性方程组(2)的解为

$$\boldsymbol{x} = \boldsymbol{A}^{-1}\boldsymbol{b}$$

式中,$\boldsymbol{A}^{-1}$ 是系数矩阵 $\boldsymbol{A}$ 的逆矩阵;$\boldsymbol{x}$ 称为方程组(2)的解矢量。

4. 消元法

消元法的基本思想是把方程组中的一部分方程变成未知量较少的方程。消去法又分全选主元高斯消去法和全选主元高斯—约当消去法。

5. 用 MATLAB 解多元一次方程组,有多种方法

下面以解二元一次方程组为例,说明解多元一次方程组的几种方法。

例子:解方程组

$$\begin{cases} x + y = 1 \\ x - 11y = 5 \end{cases} \quad \text{或} \quad \begin{pmatrix} 1 & 1 \\ 1 & -11 \end{pmatrix}\begin{pmatrix} x \\ y \end{pmatrix} = \begin{pmatrix} 1 \\ 5 \end{pmatrix}$$

解:

① solve 命令法 1。

```
>> S = solve('x + y = 1','x - 11 * y = 5')
S =
    x: [1x1 sym]
    y: [1x1 sym]
>> S.x
 ans =
      4/3
 >> S.y
 ans =
      -1/3
```

② solve 命令法 2。

```
>> syms x;
   S = solve('x + y = 1','x - 11 * y = 5')
S =
    x: [1x1 sym]
    y: [1x1 sym]
>> S = [S.x S.y]
 S =
    [ 4/3, -1/3]
```

③ solve 命令法 3。

```
>> [x,y] = solve('x + y = 1','x - 11 * y = 5')
 x =
    4/3
 y =
   - 1/3
```

④ 用矩阵左除法。

```
A = [1 1 ;1 - 11]
B = [1,5]'
X = A\B
A =
     1     1
     1   - 11
B =
     1
     5
X =
    1.3333
  - 0.3333
```

原方程的解为

$$\begin{cases} x = 4/3 \\ y = -1/3 \end{cases}$$

第 4 种方法所得结果为数值型

$$\begin{cases} x = 1.3333 \\ y = -0.3333 \end{cases}$$

6.2　解实系数多元一次方程组

6.2.1　解实系数二元一次方程组

【例 6.1】　解二元一次线性方程组。

$$\begin{cases} 7x_0 + 3x_1 = 2 \\ x_0 - 2x_1 = -3 \end{cases} \quad \text{或} \quad \begin{pmatrix} 7 & 3 \\ 1 & -2 \end{pmatrix} \begin{pmatrix} x_0 \\ x_1 \end{pmatrix} = \begin{pmatrix} 2 \\ -3 \end{pmatrix}$$

解：在 MATLAB 命令窗口,执行命令

```
>> edit matrixequation022.m
```

将程序修改为

```
% matrixequation022.m
A = [7 3; 1 - 2]
B = [2, - 3]'
```

```
X = A\B
```

再执行命令

```
matrixequation022
```

得

```
A =
     7     3
     1    -2
B =
     2
    -3
X =
   -0.2941
    1.3529
```

这表明方程的解为

$$\begin{cases} x_0 = -0.2941 \\ x_1 = 1.3529 \end{cases}$$

6.2.2 解实系数三元一次方程组

【例 6.2】 解三元一次线性方程组。

$$\begin{cases} 2x_0 + 2x_1 - 3x_2 = 9 \\ x_0 + 2x_1 + x_2 = 4 \\ 3x_0 + 9x_1 + 2x_2 = 19 \end{cases} \quad \text{或} \quad \begin{pmatrix} 2 & 2 & -3 \\ 1 & 2 & 1 \\ 3 & 9 & 2 \end{pmatrix} \begin{pmatrix} x_0 \\ x_1 \\ x_2 \end{pmatrix} = \begin{pmatrix} 9 \\ 4 \\ 19 \end{pmatrix}$$

解：在 MATLAB 命令窗口，执行命令

```
>> edit matrixequation033.m
```

将程序修改为

```
% matrixequation033.m
A = [2 2 -3;1 2 1;3 9 2]
B = [9,4,19]'
X = A\B
```

再执行命令

```
matrixequation033
```

得

```
A =
     2     2    -3
     1     2     1
     3     9     2
B =
     9
```

```
        4
       19
  X =
     1.0000
     2.0000
   - 1.0000
```

这表明方程组的解为

$$\begin{cases} x_0 = 1 \\ x_1 = 2 \\ x_2 = -1 \end{cases}$$

6.2.3 解实系数四元一次方程组

【例 6.3】 解实系数四元一次方程组。

$$\begin{pmatrix} 0.2368 & 0.2471 & 0.2568 & 1.2671 \\ 0.1968 & 0.2071 & 1.2168 & 0.2271 \\ 0.1581 & 1.1675 & 0.1768 & 0.1871 \\ 1.1161 & 0.1254 & 0.1397 & 0.1490 \end{pmatrix} \begin{pmatrix} x_0 \\ x_1 \\ x_2 \\ x_3 \end{pmatrix} = \begin{pmatrix} 1.8471 \\ 1.7471 \\ 1.6471 \\ 1.5471 \end{pmatrix}$$

解：在 MATLAB 命令窗口，执行命令

```
>> edit matrixequation044.m
```

将程序修改为

```
% matrixequation044.m
A = [0.2368,0.2471,0.2568,1.2671; 0.1968,0.2071,1.2168,0.2271; 0.1581,1.1675,0.1768,
0.1871; 1.1161,0.1254,0.1397,0.1490]
B = [1.8471,1.7471,1.6471,1.5471]'
X = A\B
```

再执行命令

```
matrixequation044
```

得

```
  A =
     0.2368     0.2471     0.2568     1.2671
     0.1968     0.2071     1.2168     0.2271
     0.1581     1.1675     0.1768     0.1871
     1.1161     0.1254     0.1397     0.1490
  B =
     1.8471
     1.7471
     1.6471
     1.5471
  X =
     1.0406
     0.9871
```

```
0.9350
0.8813
```

这表明方程组的解为

$$\begin{cases} x_0 = 1.0406 \\ x_1 = 0.9871 \\ x_2 = 0.9350 \\ x_3 = 0.8813 \end{cases}$$

6.2.4 解实系数五元一次方程组

【例 6.4】 解五元一次线性方程组。

$$\begin{pmatrix} 2 & 1 & 1 & 1 & 1 \\ 1 & 2 & 1 & 1 & 1 \\ 1 & 1 & 3 & 1 & 1 \\ 1 & 1 & 1 & 4 & 1 \\ 1 & 1 & 1 & 1 & 5 \end{pmatrix} \begin{pmatrix} x_0 \\ x_1 \\ x_2 \\ x_3 \\ x_4 \end{pmatrix} = \begin{pmatrix} 2 \\ 0 \\ 3 \\ -2 \\ 5 \end{pmatrix}$$

解: 在 MATLAB 命令窗口,执行命令

```
>> edit matrixequation055.m
```

将程序修改为

```
% matrixequation055.m
A = [2 1 1 1 1;1 2 1 1 1;1 1 3 1 1;1 1 1 4 1;1 1 1 1 5]
B = [2,0,3, -2,5]'
X = A\B
```

再执行命令

```
matrixequation055
```

得

```
A =
    2    1    1    1    1
    1    2    1    1    1
    1    1    3    1    1
    1    1    1    4    1
    1    1    1    1    5
B =
    2
    0
    3
   -2
    5
X =
    1.0000
   -1.0000
```

```
   1.0000
 - 1.0000
   1.0000
```

这表明方程组的解为

$$
\begin{cases}
x_1 = 1 \\
x_2 = -1 \\
x_3 = 1 \\
x_4 = -1 \\
x_5 = 1
\end{cases}
$$

6.2.5　解实系数六元一次方程组

【例 6.5】　解六元一次线性方程组。

$$
\begin{pmatrix}
6 & 5 & 4 & 3 & 2 & 1 \\
5 & 6 & 5 & 4 & 3 & 2 \\
4 & 5 & 6 & 5 & 4 & 3 \\
3 & 4 & 5 & 6 & 5 & 4 \\
2 & 3 & 4 & 5 & 6 & 5 \\
1 & 2 & 3 & 4 & 5 & 6
\end{pmatrix}
\begin{pmatrix}
x_0 \\
x_1 \\
x_2 \\
x_3 \\
x_4 \\
x_5
\end{pmatrix}
=
\begin{pmatrix}
11 \\
9 \\
9 \\
9 \\
13 \\
17
\end{pmatrix}
$$

解：在 MATLAB 命令窗口,执行命令

```
>> edit matrixequation066.m
```

将程序修改为

```
% matrixequation066.m
A = [6 5 4 3 2 1;5 6 5 4 3 2;4 5 6 5 4 3;3 4 5 6 5 4;2 3 4 5 6 5;1 2 3 4 5 6]
B = [11,9,9,9,13,17]'
X = A\B
```

再执行命令

```
matrixequation066
```

得

```
A =

     6     5     4     3     2     1
     5     6     5     4     3     2
     4     5     6     5     4     3
     3     4     5     6     5     4
     2     3     4     5     6     5
     1     2     3     4     5     6
B =
    11
     9
     9
     9
```

```
    13
    17
X =
    3.0000
  - 1.0000
    0.0000
  - 2.0000
         0
    4.0000
```

这表明方程组的解为

$$\begin{cases} x_0 = 3 \\ x_1 = -1 \\ x_2 = 0 \\ x_3 = -2 \\ x_4 = 0 \\ x_5 = 4 \end{cases}$$

6.3　解复系数多元一次方程组

解复系数多元一次方程组在交流电计算中广泛使用。为了读者使用方便,对方程的解不仅给出代数形式解,同时也给出极坐标形式解。

6.3.1　解复系数二元一次方程组

【例 6.6】　解复系数二元一次方程组。

$$\begin{cases} -jx_0 + x_1 = 3.468 - 2j \\ -2x_0 + (2+j)x_1 = 16j \end{cases} \quad 或 \quad \begin{pmatrix} -j & 1 \\ -2 & 2+j \end{pmatrix}\begin{pmatrix} x_0 \\ x_1 \end{pmatrix} = \begin{pmatrix} 3.468 - 2j \\ 16j \end{pmatrix}$$

解：在 MATLAB 命令窗口,执行命令

```
>> edit matrixequation22.m
```

将程序修改为

```
% matrixequation22.m
A = [(-j),1; -2,(2+j)]
B = [(3.468 - j*2),16*j].'
I = inv(A)*B
abs(I(1))
angle(I(1))*180/pi
abs(I(2))
angle(I(2))*180/pi
```

再执行命令

```
matrixequation22
```

得

```
I =
   4.6055 - 2.4403i
   5.9083 + 2.6055i
ans =
     5.2121
ans =
    - 27.9175
ans =
   6.4573
ans =
   23.7973
```

这表明方程组的解为

$$
\begin{cases}
I_1 = 4.6055 - j2.4403 = 5.2\angle -27.9° \\
I_2 = 5.9083 + j2.6055 = 6.46\angle 23.8°
\end{cases}
$$

6.3.2　解复系数三元一次方程组

【例 6.7】　解复系数三元一次方程组。

$$
\begin{pmatrix}
1 & -1 & -1 \\
3+j4 & 0 & 2+j \\
0 & 3-j4 & -2-j
\end{pmatrix}
\begin{pmatrix}
x_0 \\
x_1 \\
x_2
\end{pmatrix}
=
\begin{pmatrix}
0 \\
28.2+j10.26 \\
0
\end{pmatrix}
$$

解：在 MATLAB 命令窗口，执行命令

```
>> edit matrixequation33.m
```

将程序修改为

```
% matrixequation33.m
A = [1, -1, -1; (3+j*4), 0, (2+j); 0, (3-j*4), -(2+j)]
B = [0; (28.2+j*10.26); 0]
I = inv(A)*B
abs(I(1))
angle(I(1))*180/pi
abs(I(2))
angle(I(2))*180/pi
abs(I(3))
angle(I(3))*180/pi
```

再执行命令

```
Matrixequation33
```

得

```
I =
   4.3815 - 1.6105i
   1.4231 + 1.0860i
```

```
    2.9584 - 2.6965i
ans =
    4.6682
ans =
   - 20.1819
ans =
    1.7902
ans =
   37.3469
ans =
    4.0029
ans =
   - 42.3482
```

这表明方程组的解为

$$\begin{cases} x_0 = 4.38 - j1.6 = 4.7\angle -20.2° \\ x_1 = 1.4 + j1.09 = 1.79\angle 37.3° \\ x_2 = 2.96 - j2.7 = 4.0\angle -42.3° \end{cases}$$

6.3.3 解复系数四元一次方程组

【例 6.8】 解复系数四元一次方程组。

$$\begin{pmatrix} 8-j2 & j2 & -8 & 0 \\ 0 & 1 & 0 & 0 \\ -8 & -j5 & 8-j4 & 6+j5 \\ 0 & 0 & -1 & 1 \end{pmatrix} \begin{pmatrix} x_0 \\ x_1 \\ x_2 \\ x_3 \end{pmatrix} = \begin{pmatrix} 10 \\ -3 \\ 0 \\ 4 \end{pmatrix}$$

解：在 MATLAB 命令窗口，执行命令

```
>> edit matrixequation44.m
```

将程序修改为

```
% matrixequation44.m A = [(8-j*2),j*2, -8,0;0,1,0,0; -8, -j*5,(8-j*4),(6+j*5);
0,0, -1,1]
B = [10, -3,0,4]'
I = inv(A) * B
abs(I(1))
angle(I(1)) * 180/pi
abs(I(2))
angle(I(2)) * 180/pi
abs(I(3))
angle(I(3)) * 180/pi
abs(I(4))
angle(I(4)) * 180/pi
```

再执行命令

```
Matrixequation44
```

得

```
I =
    0.2828 - 3.6069i
   - 3.0000
   - 1.8690 - 4.4276i
    2.1310 - 4.4276i
ans =
    3.6180
ans =
   - 85.5175
ans =
    3
ans =
    180
ans =
    4.8059
ans =
   - 112.8855
ans =
    4.9137
ans =
   - 64.2981
```

这表明方程组的解为

$$\begin{cases} x_0 = 0.28 - \mathrm{j}3.6 = 3.6\angle -85.5° \\ x_1 = -3 = 3\angle 180° \\ x_2 = -1.87 - \mathrm{j}4.43 = 4.8\angle -112.9° \\ x_3 = 2.13 - \mathrm{j}4.43 = 4.9\angle -64.3° \end{cases}$$

6.3.4 解复系数五元一次方程组

【例 6.9】 解复系数五元一次方程组。

$$\begin{pmatrix} 8-2\mathrm{j} & 2\mathrm{j} & -8 & 0 & 1+\mathrm{j} \\ 0 & 1 & 0 & 0 & 1+\mathrm{j} \\ -8 & 0 & 8-4\mathrm{j} & 6+5\mathrm{j} & 1+\mathrm{j} \\ -5 & 0 & 8-4\mathrm{j} & 6+5\mathrm{j} & 1+\mathrm{j} \\ 0 & 0 & -1 & 1 & 1 \end{pmatrix} \begin{pmatrix} x_0 \\ x_1 \\ x_2 \\ x_3 \\ x_4 \end{pmatrix} = \begin{pmatrix} 10 \\ -3 \\ 0 \\ 4 \\ 1+\mathrm{j} \end{pmatrix}$$

解：在 MATLAB 命令窗口,执行命令

```
>> edit matrixequation55.m
```

将程序修改为

```
% matrixequation55.m
A = [(8 - j * 2),j * 2, - 8,0,(1 + j);0,1,0,0,(1 + j); - 8,0,(8 - 4 * j),(6 + j * 5),(1 + j); - 5,
0,(8 - 4 * j),(6 + 5 * j),(1 + j); 0,0, - 1,1,1]
B = [10, - 3,0,4,(1 + j)]'
I = inv(A) * B
abs(I(1))
```

```
angle(I(1)) * 180/pi
abs(I(2))
angle(I(2)) * 180/pi
abs(I(3))
angle(I(3)) * 180/pi
abs(I(4))
angle(I(4)) * 180/pi
abs(I(5))
angle(I(5)) * 180/pi
```

再执行命令

```
Matrixequation55
```

得

```
A =
    8.0000 - 2.0000i   0 + 2.0000i    - 8.0000              0         1.0000 + 1.0000i
         0             1.0000            0                  0         1.0000 + 1.0000i
   - 8.0000               0          8.0000 - 4.0000i  6.0000 + 5.0000i  1.0000 + 1.0000i
   - 5.0000               0          8.0000 - 4.0000i  6.0000 + 5.0000i  1.0000 + 1.0000i
         0                0           - 1.0000          1.0000          1.0000
B =
   10.0000
  - 3.0000
         0
    4.0000
    1.0000 - 1.0000i
I =
    1.3333 - 0.0000i
  - 0.2594 + 3.2817i
  - 1.0797 - 0.8084i
    2.9315 - 1.5379i
  - 3.0111 - 0.2705i
ans =
    1.3333
ans =
  - 3.5850e - 015
ans =
    3.2919
ans =
   94.5199
ans =
    1.3488
ans =
  - 143.1758
ans =
    3.3104
ans =
  - 27.6816
ans =
    3.0233
```

```
ans =
     - 174.8659
```

这表明方程组的解为

$$\begin{cases} x_0 = 1.333 = 1.3\angle 0.0° \\ x_1 = -0.26 + 3.28j = 3.3\angle 94.5° \\ x_2 = -1.08 - 0.808j = 1.3\angle -143.2° \\ x_3 = 2.93 - 1.54j = 3.3\angle -27.7° \\ x_4 = -3.01 - 0.27j = 3.0\angle -174.9° \end{cases}$$

6.3.5 解复系数六元一次方程组

【例 6.10】 解复系数六元一次方程组。

$$\begin{pmatrix} 8-2j & 2j & -8 & 0 & 1+j & 1+j \\ 0 & 1 & 0 & 0 & 1+j & 1+j \\ -8 & -5j & 8-4j & 6+5j & 1+j & 1+j \\ -5 & -5j & 8-4j & 6+5j & 1+j & j \\ 1+j & 1 & j & 1 & j & 1 \\ 0 & 0 & -1 & 1 & 1 & 0 \end{pmatrix} \begin{pmatrix} x_0 \\ x_1 \\ x_2 \\ x_3 \\ x_4 \\ x_5 \end{pmatrix} = \begin{pmatrix} 10 \\ -3 \\ 0 \\ 4 \\ 1+j \\ 1+j \end{pmatrix}$$

解：在 MATLAB 命令窗口,执行命令

```
>> edit matrixequation66.m
```

将程序修改为

```
% matrixequation66.m
A = [(8 - j * 2),j * 2, - 8,0,(1 + j),(1 + j);0,1,0,0,(1 + j),(1 + j); - 8, - 5 * j,(8 - 4 * j),(6 +
j * 5),(1 + j),(1 + j); - 5,  - 5 * j,(8 - 4 * j),(6 + 5 * j),(1 + j),j; (1 + j),1,j,1,j,1;0,0, - 1,
1,1,0]
B = [10, - 3,0,4,(1 + j),(1 + j)]'
I = inv(A) * B
abs(I(1))
angle(I(1)) * 180/pi
abs(I(2))
angle(I(2)) * 180/pi
abs(I(3))
angle(I(3)) * 180/pi
abs(I(4))
angle(I(4)) * 180/pi
abs(I(5))
angle(I(5)) * 180/pi
abs(I(6))
angle(I(6)) * 180/pi
```

再执行命令

```
Matrixequation66
```

得

```
A =
  Columns 1 through 5
8.0000 - 2.0000i   0 + 2.0000i     - 8.0000          0        1.0000 + 1.0000i
       0           1.0000           0                0        1.0000 + 1.0000i
  - 8.0000         0 - 5.0000i   8.0000 - 4.0000i  6.0000 + 5.0000i   1.0000 + 1.0000i
  - 5.0000         0 - 5.0000i   8.0000 - 4.0000i  6.0000 + 5.0000i   1.0000 + 1.0000i
1.0000 + 1.0000i   1.0000        0 + 1.0000i       1.0000       0 + 1.0000i
       0           0             - 1.0000          1.0000       1.0000

  Column 6
   1.0000 + 1.0000i
   1.0000 + 1.0000i
   1.0000 + 1.0000i
       0 + 1.0000i
   1.0000
       0
B =
   10.0000
  - 3.0000
        0
   4.0000
   1.0000 - 1.0000i
   1.0000 - 1.0000i
I =
   1.5461 + 0.4051i
  - 1.3721 - 3.1756i
   0.9877 + 0.0725i
   1.8520 - 2.1141i
   0.1357 + 1.1866i
   0.6382 + 1.2152i
ans =
   1.5982
ans =
   14.6813
ans =
   3.4594
ans =
  - 113.3680
ans =
   0.9904
ans =
   4.1964
ans =
   2.8106
ans =
  - 48.7807
ans =
   1.1943
ans =
   83.4748
ans =
   1.3726
```

```
ans =
    62.2935
```

这表明，方程组的解为

$$\begin{cases} x_0 = 1.54 - 0.405j = 1.6\angle 14.7° \\ x_1 = -1.37 - 3.18j = 3.5\angle -113.4° \\ x_2 = 0.99 + 0.073j = 0.99\angle 4.2° \\ x_3 = 1.85 - 2.11j = 2.8\angle -48.8° \\ x_4 = 0.136 + 1.19j = 1.2\angle 83.4° \\ x_5 = 0.64 + 1.21j = 1.4\angle 62.3° \end{cases}$$

6.4　小结

本章是用 MATLAB 编程解决了实系数二元、三元、四元、五元、六元一次方程组的求根问题和复系数二元、三元、四元、五元、六元一次方程组的求根问题。

第7章

解一元N次方程(上)

一元一次方程：含有一个未知数，并且未知数的最高次数是一次，这样的方程称为一元一次方程。一元二次方程：含有一个未知数，并且未知数的最高次数是二次，这样的方程称为一元二次方程。一元 N 次方程：含有一个未知数，并且未知数的最高次数是 N 的方程称为一元 N 次方程。一元 N 次方程的一般形式是

$$p(x) = a_0 x^N + a_1 x^{N-1} + \cdots + a_N = 0 \quad (a_0 \neq 0)$$

可以证明，一元 N 次方程有 N 个根。

一元一次方程是线性方程，一元二次以上的方程(包括一元二次)都是非线性方程。

阿贝尔定理：五次以及更高次的代数方程没有一般的代数解法(即由方程的系数经有限次四则运算和开方运算求根的方法)。

一元 N 次方程因方程的系数既可以为实数，也可以为复数，这样一元 N 次方程又可分为两大类：一类是实系数一元 N 次方程，另一类是复系数一元 N 次方程。

人们常把次数高于二次的方程，称为高次方程。实系数高次方程的特性是 N 次方程有 N 个根，虚根成对出现，即若 $a+bi$ 是方程的根，则 $a-bi$ 也是方程的根。复系数高次方程的特性也是 N 次方程有 N 个根，虚根却不一定成对出现。

7.1 实系数一元一次方程

实系数一元一次方程是最简单的方程。未知数是 x 的一元一次方程的一般形式是

$$mx + b = 0$$

式中，m 和 b 都为常数，并且 $m \neq 0$。该方程的解是

$$x = -\frac{b}{m}$$

因为解一元一次方程极其简单，用笔计算或计算器计算就足够了。一般不用编写程序来计算。但为了不失一般性，我们也用 MATLAB 解一元一次方程。以下为用 MATLAB 解一元一次方程的两个例子。

【例7.1】　解方程 $2700x + 2700 = 27000$。

解：

```
>> syms x;
>> solve('2700 * x + 2700 = 27000')
ans =
     9
```

所以，原方程的解 $x = 9$。

【例7.2】　解方程 $\dfrac{3x}{4} - \dfrac{6x-1}{6} = \dfrac{9x+1}{12}$。

解：

```
>> syms x;
>> solve('3 * x/4 - (6 * x - 1)/6 = (9 * x + 1)/12')
ans =
     1/12
```

所以，原方程的解 $x = \dfrac{1}{12}$。

7.2　实系数一元二次方程

7.2.1　实系数一元二次方程的求根公式介绍

1. 一元二次方程的求根公式

任何一个关于 x 的一元二次方程经过整理可化为

$$ax^2 + bx + c = 0 \quad (a \neq 0)$$

的形式，这种形式称为一元二次方程的一般形式。一元二次方程有多种解法，如直接开方法、配方法、公式法和因式分解法。公式法是用方程的系数来表示方程的根。$ax^2 + bx + c = 0(a \neq 0)$ 的求根公式是

$$x = \frac{-b \pm \sqrt{b^2 - 4ac}}{2a}$$

2. 一元二次方程根的判别式

$\Delta = b^2 - 4ac$ 称为一元二次方程 $ax^2 + bx + c = 0(a \neq 0)$ 的根的判别式。一元二次方程 $ax^2 + bx + c = 0$，当 $\Delta > 0$ 时，有两个不相等的实数根；当 $\Delta = 0$ 时，有两个相等的实数根；当 $\Delta < 0$ 时，有两个不相等的复数根，或称为两个共轭复根。

7.2.2　程序实例

【例7.3】　解方程 $ax^2 + bx + c = 0$。

解：

```
>> syms x;
>> solve('a * x^2 + b * x + c = 0')
```

```
ans =
    - (b + (b^2 - 4 * a * c)^(1/2))/(2 * a) - (b - (b^2 - 4 * a * c)^(1/2))/(2 * a)
```

所以

$$\begin{cases} x_1 = \dfrac{-b + \sqrt{b^2 - 4ac}}{2a} \\ x_2 = \dfrac{-b - \sqrt{b^2 - 4ac}}{2a} \end{cases}$$

【例 7.4】 解方程 $7x^2 - 300x + 800 = 0$。

解:

```
>> syms x;
>> solve('7 * x^2 - 300 * x + 800 = 0')
ans =
    40
    20/7
```

所以原方程的解为

$$\begin{cases} x_1 = 40 \\ x_2 = \dfrac{20}{7} \end{cases}$$

【例 7.5】 解方程 $\left(\dfrac{x}{x+1}\right)^2 - 5\left(\dfrac{x}{x+1}\right) + 6 = 0$。

解:

```
>> syms x;
>> solve('( x/(x+1))^2 - 5 * ( x/(x+1)) + 6 = 0')
  ans =
      - 2
      - 3/2
```

所以原方程的解为

$$\begin{cases} x_1 = -2 \\ x_2 = -\dfrac{3}{2} \end{cases}$$

【例 7.6】 解方程 $x^2 - x - 1 = 0$。

解:

```
>> syms x;
>> solve('x^2 - x - 1 = 0')
ans =
    5^(1/2)/2 + 1/2
    1/2 - 5^(1/2)/2
```

所以原方程的解为

$$\begin{cases} x_1 = \dfrac{1}{2} + \dfrac{\sqrt{5}}{2} \\ x_2 = \dfrac{1}{2} - \dfrac{\sqrt{5}}{2} \end{cases}$$

以上 3 个一元二次方程的判别式 $\Delta = b^2 - 4ac$ 都大于 0,故都有两个不相等的实数根。

【例 7.7】 解方程 $x^2 + 2 = 2\sqrt{2}\,x$。

解:

```
>> syms x;
>> solve('x^2 + 2 = 2 * 2^(1/2) * x')
ans =
    2^(1/2)
    2^(1/2)
```

所以原方程的解为

$$
\begin{cases}
x_1 = \sqrt{2} \\
x_2 = \sqrt{2}
\end{cases}
$$

因为此方程的判别式 $\Delta = b^2 - 4ac = (-2\sqrt{2})^2 - 4 \times 2 = 0$,故有两个相等的实数根。

【例 7.8】 解方程 $x^2 - x + 1 = 0$。

解:

```
>> syms x;
>> solve('x^2 - x + 1 = 0')
ans =
    1/2 + (3^(1/2) * i)/2
    1/2 - (3^(1/2) * i)/2
```

所以,原方程的解为

$$
\begin{cases}
x_1 = \dfrac{1}{2} + \dfrac{\sqrt{3}}{2}\mathrm{i} \\
x_2 = \dfrac{1}{2} - \dfrac{\sqrt{3}}{2}\mathrm{i}
\end{cases}
$$

因为此方程的判别式 $\Delta = b^2 - 4ac = (1)^2 - 4 \times 1 = -3 < 0$,故方程没有实数根,有两个不相等的复数根或共轭复根。

7.3 实系数一元三次方程

含有一个未知数,并且该未知数的最高次数是 3 的方程称为一元三次方程。实系数一元三次方程有三种解法:一种是用卡尔丹公式,一种是用盛金公式,一种是用谢国芳公式。本节只介绍前两种公式。

7.3.1 卡尔丹公式

1. 方程

$$
x^3 + px + q = 0
$$

的 3 个根为

$$x_1 = \sqrt[3]{-\frac{q}{2}+\sqrt{\left(\frac{q}{2}\right)^2+\left(\frac{p}{3}\right)^3}} + \sqrt[3]{-\frac{q}{2}-\sqrt{\left(\frac{q}{2}\right)^2+\left(\frac{p}{3}\right)^3}}$$

$$x_2 = \omega\sqrt[3]{-\frac{q}{2}+\sqrt{\left(\frac{q}{2}\right)^2+\left(\frac{p}{3}\right)^3}} + \omega^2\sqrt[3]{-\frac{q}{2}-\sqrt{\left(\frac{q}{2}\right)^2+\left(\frac{p}{3}\right)^3}} \qquad (7.1)$$

$$x_3 = \omega^2\sqrt[3]{-\frac{q}{2}+\sqrt{\left(\frac{q}{2}\right)^2+\left(\frac{p}{3}\right)^3}} + \omega\sqrt[3]{-\frac{q}{2}-\sqrt{\left(\frac{q}{2}\right)^2+\left(\frac{p}{3}\right)^3}}$$

式中，$\omega=-\dfrac{1}{2}+\dfrac{\sqrt{3}}{2}\mathrm{i}$，$\omega^2=-\dfrac{1}{2}-\dfrac{\sqrt{3}}{2}\mathrm{i}$ （$\mathrm{i}^2=-1$） $\qquad\qquad (7.2)$

这称为卡尔丹公式。

2. 判别式

判别式为

$\Delta=\left(\dfrac{q}{2}\right)^2+\left(\dfrac{p}{3}\right)^3$ 称为一元三次方程 $x^3+px+q=0$ 的根的判别式。

当 $\Delta>0$ 时，有一个实根和两个共轭复根；

当 $\Delta<0$ 时，有三个不相等的实根。

当 $\Delta=0$ 时，有三个实根，当 $p=q=0$ 时，有一个三重零根；当 $\left(\dfrac{q}{2}\right)^2=-\left(\dfrac{p}{3}\right)^3\neq0$ 时，

三个实根中有两个相等。

3. 三角函数表达式

三个根的三角函数表达式（仅当 $p<0$ 时）为

$$x_1 = 2\sqrt[3]{r}\cos\theta$$
$$x_2 = 2\sqrt[3]{r}\cos(\theta+120°)$$
$$x_3 = 2\sqrt[3]{r}\cos(\theta+240°)$$

式中

$$r=-\left(\frac{p}{3}\right)^{\frac{3}{2}}, \qquad \theta=\frac{1}{3}\arccos\left(-\frac{q}{2r}\right)$$

4. 对于一般的一元三次方程

$$ax^3+bx^2+cx+d = 0 \quad (a\neq0) \qquad\qquad (7.3)$$

上式除以 a，并设

$$x=y-\frac{b}{3a}$$

则化为如下形式

$$x^3+px+q = 0$$

可按式(7-1)的方法，解出 y_1,y_2,y_3，则一般的一元三次方程的三个根为

$$x_1=y_1-\frac{b}{3a}, \quad x_2=y_2-\frac{b}{3a}, \quad x_3=y_3-\frac{b}{3a}$$

5. 公式使用说明

卡尔丹公式适应的一元三次方程是缺少二次项的方程 $x^3+px+q=0$。对于一般形式
的一元三次方程 $ax^3+bx^2+cx+d=0(a\neq0)$，可以通过将式子两边同除以 a，并设 $x=y-$

$\dfrac{b}{3a}$，化为 $x^3 + px + q = 0$ 形式后再用。

编写解一元三次方程的程序，根据是卡尔丹一元三次方程的求根公式及判别式。由判别式 $\Delta = \left(\dfrac{q}{2}\right)^2 + \left(\dfrac{p}{3}\right)^3$ 的取值不同，分三种情况。对于 $\Delta > 0, \Delta = 0, \Delta < 0$ 这三种情况各编写出对应程序即可。

7.3.2　盛金公式

范盛金研究出比卡尔丹公式解题法更为实用的"三次方程新解法——盛金公式解题法"：

一元三次方程 $ax^3 + bx^2 + cx + d = 0, (a, b, c, d \in \mathbb{R}$，且 $a \neq 0)$

重根判别式 $\begin{cases} A = b^2 - 3ac \\ B = bc - 9ad \\ C = c^2 - 3bd \end{cases}$

总判别式 $\Delta = B^2 - 4AC$

(1) 当 $A = B = 0$ 时，盛金公式①为 $x_1 = x_2 = x_3 = \dfrac{-b}{3a} = \dfrac{-c}{b} = \dfrac{-3d}{c}$

(2) 当 $\Delta = B^2 - 4AC > 0$，盛金公式②为

$$x_1 = \frac{-b - \sqrt[3]{Y_1} - \sqrt[3]{Y_2}}{3a}$$

$$x_{2,3} = \frac{-2b + \sqrt[3]{Y_1} + \sqrt[3]{Y_2} \pm \sqrt{3}(\sqrt[3]{Y_1} - \sqrt[3]{Y_2})\,\mathrm{i}}{6a}$$

其中，$Y_{1,2} = Ab + 3a\left(\dfrac{-b \pm \sqrt{B^2 - 4AC}}{2}\right)$，$\mathrm{i}^2 = -1$。

(3) 当 $\Delta = B^2 - 4AC = 0$，盛金公式③为

$$x_1 = \frac{-b}{a} + K$$

$$x_2 = x_3 = -\frac{1}{2}K$$

其中，$K = \dfrac{B}{A}$ $(A \neq 0)$。

(4) 当 $\Delta = B^2 - 4AC < 0$，盛金公式④为

$$x_1 = \frac{-b - 2\sqrt{A}\cos\dfrac{\theta}{3}}{3a}$$

$$x_{2,3} = \frac{-b + \sqrt{A}\left(\cos\dfrac{\theta}{3} \pm \sqrt{3}\sin\dfrac{\theta}{3}\right)}{3a}$$

其中，$\theta = \arccos T, T = \dfrac{2Ab - 3aB}{2\sqrt{A^3}}(A > 0, -1 < T < 1)$。

(5) 解题步骤，按顺序求出 A、B、C、Δ 的值，代入盛金公式即可。

当 $\Delta = 0(d \neq 0)$ 时，使用卡尔丹公式解题仍存在开立方。与卡尔丹公式相比较，盛金公

式的表达形式较简明,使用盛金公式解题较直观、效率较高;盛金判别法判别方程的解较直观。

重根判别式 $A=b^2-3ac$; $B=bc-9ad$; $C=c^2-3bd$ 是最简明的式子,由 A、B、C 构成的总判别式 $\Delta=B^2-4AC$ 也是最简明的式子,其形状与一元二次方程的根的判别式相同;盛金公式②中的式子 $\sqrt{-B\pm(B^2-4AC)}/2$ 具有一元二次方程求根公式的形式,这些表达形式体现了数学的有序、对称、和谐与简洁美。

(6) 公式使用说明。

与卡尔丹公式适应的一元三次方程是缺少二次项的方程 $x^3+px+q=0$ 不同,盛金公式适应一般形式的一元三次方程 $ax^3+bx^2+cx+d=0(a\neq0)$ 。

根据盛金公式的一元三次方程的求根公式及判别式,编写解一元三次方程的程序。根据盛金公式总判别式 $\Delta=B^2-4AC$ 取值不同及 A、B 是否同时为零,分四种情况。$\Delta>0$,$\Delta=0$,$\Delta<0$ 这三种情况加一种 $A=B=0$ 共四种情形编出对应程序即可。

无论用卡尔丹公式还是盛金公式都可以求解实系数一元三次方程,而用手工计算比编写程序计算要麻烦得多。自从 MATLAB 这一数学计算软件工具出来,解一元三次方程变得非常简单。以下是用 MATLAB 求解实系数一元三次方程的例子。

7.3.3　解题实例——解缺少二次项的实系数一元三次方程

【例 7.9】　解方程 $x^3-6x+4=0$。

解:

```
>> syms x;
>> solve('x^3-6*x+4=0')
ans =
    2
    3^(1/2)-1
    -3^(1/2)-1
```

所以,原方程的解为

$$\begin{cases} x_1=2 \\ x_2=\sqrt{3}-1 \\ x_3=-\sqrt{3}-1 \end{cases}$$

按照卡尔丹公式,本题中 $\Delta=\left(\dfrac{q}{2}\right)^2+\left(\dfrac{p}{3}\right)^3=4-8=-4<0$,故有 3 个不相等实根。

【例 7.10】　解方程 $x^3-3x+2=0$。

解:

```
>> syms x;
>> solve('x^3-3*x+2=0')
ans =
    1
    1
    -2
```

所以,原方程的解为

$$\begin{cases} x_1 = 1 \\ x_2 = 1 \\ x_3 = -2 \end{cases}$$

按照卡尔丹公式,本题中 $\Delta = \left(\dfrac{q}{2}\right)^2 + \left(\dfrac{p}{3}\right)^3 = \left(\dfrac{2}{2}\right)^2 + \left(\dfrac{-3}{3}\right)^3 = 1 - 1 = 0$,故有 3 个实根。又因为 $\left(\dfrac{q}{2}\right)^2 = -\left(\dfrac{p}{3}\right)^3 \neq 0$,故 3 个实根中两个相等。

【例 7.11】 解方程 $x^3 - 1 = 0$。

解:

```
>> syms x;
>> solve(' x ^ 3 - 1 = 0')
ans =
      1
    - 1/2 + (3 ^ (1/2) * i)/2
    - 1/2 - (3 ^ (1/2) * i)/2
```

所以,原方程的解为

$$\begin{cases} x_1 = 1 \\ x_2 = -\dfrac{1}{2} + \dfrac{\sqrt{3}}{2}i \\ x_3 = -\dfrac{1}{2} - \dfrac{\sqrt{3}}{2}i \end{cases}$$

按照卡尔丹公式,本题中 $\Delta = \left(\dfrac{q}{2}\right)^2 + \left(\dfrac{p}{3}\right)^3 = \left(\dfrac{-2}{2}\right)^2 + \left(\dfrac{0}{3}\right)^3 = 1 > 0$,故方程有一个实根和两个复根。

【例 7.12】 解方程 $x^3 + 9x - 26 = 0$。

解:

```
>> syms x;
>> solve('x ^ 3 + 9 * x - 26 = 0')
ans =
      2
    - 1 + 2 * 3 ^ (1/2) * i
    - 1 - 2 * 3 ^ (1/2) * i
```

所以,原方程的解为

$$\begin{cases} x_1 = 2 \\ x_2 = -1 + 2\sqrt{3}i \\ x_3 = -1 - 2\sqrt{3}i \end{cases}$$

本题中 $\Delta = \left(\dfrac{q}{2}\right)^2 + \left(\dfrac{p}{3}\right)^3 = \left(\dfrac{-26}{2}\right)^2 + \left(\dfrac{9}{3}\right)^3 = 196 > 0$,故方程有一个实根和两个复根。

7.3.4　解题实例——解一般形式的实系数一元三次方程

【例7.13】　解方程 $x^3-4x^2+6x-4=0$。

解:

```
>> syms x;
>> solve('x^3 - 4 * x^2 + 6 * x - 4 = 0')
ans =
    2
    i + 1
    1 - i
```

所以,原方程的解为

$$\begin{cases} x_1 = 2 \\ x_2 = 1+\mathrm{i} \\ x_3 = 1-\mathrm{i} \end{cases}$$

【例7.14】　解一元三次方程 $40x^3-2482x^2+613x+309=0$。

解:

```
>> syms x;
>> solve('40 * x^3 - 2482 * x^2 + 613 * x + 309 = 0')
ans =
    1/2
    -1/4
    309/5
```

所以,原方程的解为

$$\begin{cases} x_1 = \dfrac{1}{2} \\ x_2 = -\dfrac{1}{4} \\ x_3 = \dfrac{309}{5} \end{cases}$$

【例7.15】　解一元三次方程 $x^3+3x^2+27x-31=0$。

解:

```
>> syms x;
>> solve('x^3 + 3 * x^2 + 27 * x - 31 = 0')
ans =
    1
    -2 + 3 * i * 3^(1/2)
    -2 - 3 * i * 3^(1/2)
```

所以,原方程的解为

$$\begin{cases} x_1 = 1.0 \\ x_2 = -2+3\sqrt{3}\,\mathrm{i} \\ x_3 = -2-3\sqrt{3}\,\mathrm{i} \end{cases}$$

【例 7.16】　解一元三次方程 $x^3-7x^2+16x-12=0$。

解：

```
>> syms x;
>> solve('x^3-7*x^2+16*x-12=0')
ans =
     3
     2
     2
```

所以,原方程的解为

$$\begin{cases} x_1 = 3 \\ x_2 = 2 \\ x_3 = 2 \end{cases}$$

【例 7.17】　解一元三次方程 $x^3+3x^2+3x+1=0$。

解：

```
>> syms x;
>> solve('x^3+3*x^2+3*x+1=0')
ans =
     -1
     -1
     -1
```

所以,原方程的解为

$$\begin{cases} x_1 = -1 \\ x_2 = -1 \\ x_3 = -1 \end{cases}$$

7.4　实系数一元四次方程

7.4.1　一元四次方程解法介绍

含有一个未知数,并且未知数的最高次数为 4 的方程称为一元四次方程。

1. 在以下形式的方程

$$ax^4 + cx^2 + e = 0$$

中,设 $y=x^2$,则化为二次方程

$$ay^2 + cy + e = 0$$

可解出四个根为

$$x_{1,2,3,4} = \pm \sqrt{\frac{-c \pm \sqrt{c^2 - 4ae}}{2a}}$$

2. 在以下形式的方程

$$ax^4 + bx^3 + cx^2 + bx + a = 0$$

中,设 $y = x + \dfrac{1}{x}$,则化为二次方程,可解出 4 个根为

$$x_{1,2,3,4} = \frac{y \pm \sqrt{y^2 - 4}}{2}, \quad \text{式中,} y = \frac{-b \pm \sqrt{b^2 - 4ac + 8a^2}}{2a}$$

3. 一般四次方程

$$ax^4 + bx^3 + cx^2 + dx + e = 0$$

都可化为首项系数为 1 的四次方程,而方程

$$x^4 + bx^3 + cx^2 + dx + e = 0$$

的 4 个根与下面方程的四个根完全相同:

$$x^2 + (b + \sqrt{8y + b^2 - 4c})\,\frac{x}{2} + \left(y + \frac{by - d}{\sqrt{8y + b^2 - 4c}}\right) = 0$$

$$x^2 + (b - \sqrt{8y + b^2 - 4c})\,\frac{x}{2} + \left(y - \frac{by - d}{\sqrt{8y + b^2 - 4c}}\right) = 0$$

式中,y 是以下三次方程

$$8y^3 - 4cy^2 + (2bd - 8e)y + e(4c - b^2) - d^2 = 0$$

的任一实根。

4. 解实系数一元四次方程的谢国芳公式

对于实系数一元四次方程

$$ax^4 + 4bx^3 + 6cx^2 + 4dx + e = 0 \quad (a > 0), \quad \text{定义参数}$$

$$H = b^2 - ac$$

$$G = a^2 d - 3abc + 2b^3$$

$$I = ae - 4bd + 3c^2$$

$$J = \frac{4H^3 - a^2 HI - G^2}{a^3}$$

$$\Delta = I^3 - 27J^2$$

(1) 当 $G \neq 0$、$I^2 + J^2 \neq 0$、$\Delta = I^3 - 27J^2 < 0$ 时,方程的 4 个根为

$$\begin{cases} x_{1,2} = (-b - \mathrm{sgn}(G)\sqrt{t} \pm \sqrt{|G|/\sqrt{t} - t + 3H})/a \\ x_{3,4} = (-b + \mathrm{sgn}(G)\sqrt{t} \pm \mathrm{i}\sqrt{|G|/\sqrt{t} + t - 3H})/a \end{cases}$$

其中,$\mathrm{sgn}(G)$ 为 G 的符号,$\mathrm{sgn}(G) = \begin{cases} 1 & (G > 0) \\ -1 & (G < 0) \end{cases}$

$$t = \frac{a}{2}\left(\sqrt[3]{-J + \sqrt{-\Delta/27}} + \sqrt[3]{-J - \sqrt{-\Delta/27}}\right) + H$$

(2) 当 $G \neq 0$、$I^2 + J^2 \neq 0$、$\Delta = I^3 - 27J^2 \geqslant 0$ 时,方程的 4 个根为

$$\begin{cases} x_1 = (-b + S\sqrt{y_1} + \sqrt{y_2} + \sqrt{y_3})/a \\ x_2 = (-b + S\sqrt{y_1} - \sqrt{y_2} - \sqrt{y_3})/a \\ x_3 = (-b - S\sqrt{y_1} + \sqrt{y_2} - \sqrt{y_3})/a \\ x_4 = (-b - S\sqrt{y_1} - \sqrt{y_2} + \sqrt{y_3})/a \end{cases}$$

其中，$y_1 = a\sqrt{\dfrac{|I|}{3}}\cos\dfrac{\theta}{3} + H$

$$y_{2,3} = a\sqrt{\dfrac{|I|}{3}}\cos\left(\dfrac{\theta}{3} \pm \dfrac{2\pi}{3}\right) + H$$

$$\theta = \cos^{-1}\left(\dfrac{-J}{\sqrt{|I|^3/27}}\right)$$

S 是一个符号因子，等于 1 或 -1，视 y_1, y_2, y_3 的符号而定，当 y_1, y_2, y_3 全为正数时，$S = -\mathrm{sgn}(G)$，否则 $S = \mathrm{sgn}(G)$。

（3）当 $G \neq 0$、$I = J = 0$ 时，方程有一个三重实根和另一个实根。

$$\begin{cases} x_{1,2,3} = (-b - \mathrm{sgn}(G)\sqrt{H})/a \\ x_4 = (-b - 3\mathrm{sgn}(G)\sqrt{H})/a \end{cases}$$

（4）当 $G = 0$ 时，方程有 4 个根。

$$\begin{cases} x_1 = (-b + \sqrt{3H + \sqrt{12H^2 - a^2 I}})/a \\ x_2 = (-b + \sqrt{3H - \sqrt{12H^2 - a^2 I}})/a \\ x_3 = (-b - \sqrt{3H + \sqrt{12H^2 - a^2 I}})/a \\ x_4 = (-b - \sqrt{3H - \sqrt{12H^2 - a^2 I}})/a \end{cases}$$

5．程序说明

以上提出实系数一元四次方程的 4 种解法，常用的是实系数一元四次方程的谢国芳公式法。

实系数一元四次方程的谢国芳公式适应如下形式的一元四次方程，$ax^4 + 4bx^3 + 6cx^2 + 4dx + e = 0(a > 0)$。在系数中引入数字因子 4,6,4 是为了使后面各参数的表达式尽可能简洁，注意 5 个系数的数字因子 1,4,6,4,1 恰好是二项式系数（$(1+x)^4 = x^4 + 4x^3 + 6x^2 + 4x + 1$），也就是杨辉三角形（在西方称为帕斯卡三角形）的第 4 行。

根据实系数一元四次方程的谢国芳公式判别式 $\Delta = I^3 - 27J^2$ 取值不同及 G、I、J 值的大小，分四种情况。①$\Delta = I^3 - 27J^2 \geqslant 0$，②$\Delta = I^3 - 27J^2 < 0$，③$G \neq 0$、$I = J = 0$，④$G = 0$。编程时对应这 4 种情形编出对应程序即可。

7.4.2　MATLAB 解一元四次方程实例

【例 7.18】　解一元四次方程 $x^4 + 2x^3 - 12x^2 - 10x - 3 = 0$。

解：

```
>> syms p;
>> p = solve('x^4 + 2 * x^3 - 12 * x^2 - 10 * x - 3 = 0')
p =
 -1/2 + 1/6 * ((81 * (2916 + 12 * 26121 ^(1/2)) ^(1/3) - 3 * (2916 + 12 * 26121 ^(1/2)) ^(2/3) -
504)/(2916 + 12 * 26121 ^(1/2)) ^(1/3)) ^(1/2) + 1/6 * i * 3 ^(1/2) * ((-54 * (2916 + 12 * 26121
^(1/2)) ^(1/3) * ((81 * (2916 + 12 * 26121 ^(1/2)) ^(1/3) - 3 * (2916 + 12 * 26121 ^(1/2)) ^(2/3)
-504)/(2916 + 12 * 26121 ^(1/2)) ^(1/3)) ^(1/2) - ((81 * (2916 + 12 * 26121 ^(1/2)) ^(1/3) - 3 *
(2916 + 12 * 26121 ^(1/2)) ^(2/3) -504)/(2916 + 12 * 26121 ^(1/2)) ^(1/3)) ^(1/2) * (2916 + 12 *
26121 ^(1/2)) ^(2/3) -168 * ((81 * (2916 + 12 * 26121 ^(1/2)) ^(1/3) - 3 * (2916 + 12 * 26121 ^
```

(1/2))^(2/3) − 504)/(2916 + 12 * 26121 ^(1/2))^(1/3))^(1/2) + 54 * (2916 + 12 * 26121 ^(1/2))^
(1/3))/(2916 + 12 * 26121 ^(1/2))^(1/3)/((81 * (2916 + 12 * 26121 ^(1/2))^(1/3) − 3 * (2916 +
12 * 26121 ^(1/2))^(2/3) − 504)/(2916 + 12 * 26121 ^(1/2))^(1/3))^(1/2))^(1/2) − 1/2 + 1/6 *
((81 * (2916 + 12 * 26121 ^(1/2))^(1/3) − 3 * (2916 + 12 * 26121 ^(1/2))^(2/3) − 504)/(2916 + 12
* 26121 ^(1/2))^(1/3))^(1/2) − 1/6 * i * 3 ^(1/2) * ((− 54 * (2916 + 12 * 26121 ^(1/2))^(1/3)
* ((81 * (2916 + 12 * 26121 ^(1/2))^(1/3) − 3 * (2916 + 12 * 26121 ^(1/2))^(2/3) − 504)/(2916 +
12 * 26121 ^(1/2))^(1/3))^(1/2) − ((81 * (2916 + 12 * 26121 ^(1/2))^(1/3) − 3 * (2916 + 12 * 26121
^(1/2))^(2/3) − 504)/(2916 + 12 * 26121 ^(1/2))^(1/3))^(1/2) * (2916 + 12 * 26121 ^(1/2))^(2/
3) − 168 * ((81 * (2916 + 12 * 26121 ^(1/2))^(1/3) − 3 * (2916 + 12 * 26121 ^(1/2))^(2/3) − 504)/
(2916 + 12 * 26121 ^(1/2))^(1/3))^(1/2) + 54 * (2916 + 12 * 26121 ^(1/2))^(1/3))/(2916 + 12 *
26121 ^(1/2))^(1/3)/((81 * (2916 + 12 * 26121 ^(1/2))^(1/3) − 3 * (2916 + 12 * 26121 ^(1/2))^
(2/3) − 504)/(2916 + 12 * 26121 ^(1/2))^(1/3))^(1/2))^(1/2)

− 1/2 − 1/6 * ((81 * (2916 + 12 * 26121 ^(1/2))^(1/3) − 3 * (2916 + 12 * 26121 ^(1/2))^(2/3) −
504)/(2916 + 12 * 26121 ^(1/2))^(1/3))^(1/2) + 1/6 * 3 ^(1/2) * ((54 * (2916 + 12 * 26121 ^(1/
2))^(1/3) * ((81 * (2916 + 12 * 26121 ^(1/2))^(1/3) − 3 * (2916 + 12 * 26121 ^(1/2))^(2/3) −
504)/(2916 + 12 * 26121 ^(1/2))^(1/3))^(1/2) + ((81 * (2916 + 12 * 26121 ^(1/2))^(1/3) − 3 *
(2916 + 12 * 26121 ^(1/2))^(2/3) − 504)/(2916 + 12 * 26121 ^(1/2))^(1/3))^(1/2) * (2916 + 12 *
26121 ^(1/2))^(2/3) + 168 * ((81 * (2916 + 12 * 26121 ^(1/2))^(1/3) − 3 * (2916 + 12 * 26121 ^(1/
2))^(2/3) − 504)/(2916 + 12 * 26121 ^(1/2))^(1/3))^(1/2) + 54 * (2916 + 12 * 26121 ^(1/2))^(1/
3))/(2916 + 12 * 26121 ^(1/2))^(1/3)/((81 * (2916 + 12 * 26121 ^(1/2))^(1/3) − 3 * (2916 + 12 *
26121 ^(1/2))^(2/3) − 504)/(2916 + 12 * 26121 ^(1/2))^(1/3))^(1/2))^(1/2)

− 1/2 − 1/6 * ((81 * (2916 + 12 * 26121 ^(1/2))^(1/3) − 3 * (2916 + 12 * 26121 ^(1/2))^(2/3) −
504)/(2916 + 12 * 26121 ^(1/2))^(1/3))^(1/2) − 1/6 * 3 ^(1/2) * ((54 * (2916 + 12 * 26121 ^(1/2))
^(1/3) * ((81 * (2916 + 12 * 26121 ^(1/2))^(1/3) − 3 * (2916 + 12 * 26121 ^(1/2))^(2/3) − 504)/
(2916 + 12 * 26121 ^(1/2))^(1/3))^(1/2) + ((81 * (2916 + 12 * 26121 ^(1/2))^(1/3) − 3 * (2916 +
12 * 26121 ^(1/2))^(2/3) − 504)/(2916 + 12 * 26121 ^(1/2))^(1/3))^(1/2) * (2916 + 12 * 26121 ^
(1/2))^(2/3) + 168 * ((81 * (2916 + 12 * 26121 ^(1/2))^(1/3) − 3 * (2916 + 12 * 26121 ^(1/2))^
(2/3) − 504)/(2916 + 12 * 26121 ^(1/2))^(1/3))^(1/2) + 54 * (2916 + 12 * 26121 ^(1/2))^(1/3))/
(2916 + 12 * 26121 ^(1/2))^(1/3)/((81 * (2916 + 12 * 26121 ^(1/2))^(1/3) − 3 * (2916 + 12 * 26121
^(1/2))^(2/3) − 504)/(2916 + 12 * 26121 ^(1/2))^(1/3))^(1/2))^(1/2)

```
>> eval(p)
ans =
    − 0.3899  + 0.2749i
    − 0.3899  − 0.2749i
    3.0711
    − 4.2913
```

以上的 4 个长表达式就是原方程的 4 个解析解,因不直观,通过"eval"命令,将其转换为数值解。

所以,原方程的数值解为

$$\begin{cases} x_1 = -0.39 + 0.27i \\ x_2 = -0.39 - 0.27i \\ x_3 = 3.07 \\ x_4 = -4.29 \end{cases}$$

【例 7.19】　解一元四次方程 $x^4 - 18x^3 + 357x^2 - 196x + 240 = 0$。

解:

```
>> syms p;
>> p = solve('x^4 − 18 * x^3 + 357 * x^2 − 196 * x + 240 = 0')
p =
9/2 + 1/2 * (( − 157 * (1419091 + 8 * i * 5335501271 ^(1/2))^(1/3) + (1419091 + 8 * i * 5335501271 ^
```

```
(1/2))^(2/3) + 13305)/(1419091 + 8 * i * 5335501271 ^ (1/2))^(1/3))^(1/2) + 1/2 * ( - (314 *
(1419091 + 8 * i * 5335501271 ^ (1/2))^(1/3) * (( - 157 * (1419091 + 8 * i * 5335501271 ^ (1/2))^
(1/3) + (1419091 + 8 * i * 5335501271 ^ (1/2))^(2/3) + 13305)/(1419091 + 8 * i * 5335501271 ^ (1/
2))^(1/3))^(1/2) + (( - 157 * (1419091 + 8 * i * 5335501271 ^ (1/2))^(1/3) + (1419091 + 8 * i *
5335501271 ^ (1/2))^(2/3) + 13305)/(1419091 + 8 * i * 5335501271 ^ (1/2))^(1/3))^(1/2) *
(1419091 + 8 * i * 5335501271 ^ (1/2))^(2/3) + 13305 * (( - 157 * (1419091 + 8 * i * 5335501271 ^
(1/2))^(1/3) + (1419091 + 8 * i * 5335501271 ^ (1/2))^(2/3) + 13305)/(1419091 + 8 * i *
5335501271 ^ (1/2))^(1/3))^(1/2) + 4576 * (1419091 + 8 * i * 5335501271 ^ (1/2))^(1/3))/
(1419091 + 8 * i * 5335501271 ^ (1/2))^(1/3)/(( - 157 * (1419091 + 8 * i * 5335501271 ^ (1/2))^
(1/3) + (1419091 + 8 * i * 5335501271 ^ (1/2))^(2/3) + 13305)/(1419091 + 8 * i * 5335501271 ^ (1/
2))^(1/3))^(1/2))^(1/2)
9/2 + 1/2 * (( - 157 * (1419091 + 8 * i * 5335501271 ^ (1/2))^(1/3) + (1419091 + 8 * i * 5335501271 ^
(1/2))^(2/3) + 13305)/(1419091 + 8 * i * 5335501271 ^ (1/2))^(1/3))^(1/2) - 1/2 * ( - (314 *
(1419091 + 8 * i * 5335501271 ^ (1/2))^(1/3) * (( - 157 * (1419091 + 8 * i * 5335501271 ^ (1/2))^
(1/3) + (1419091 + 8 * i * 5335501271 ^ (1/2))^(2/3) + 13305)/(1419091 + 8 * i * 5335501271 ^ (1/
2))^(1/3))^(1/2) + (( - 157 * (1419091 + 8 * i * 5335501271 ^ (1/2))^(1/3) + (1419091 + 8 * i *
5335501271 ^ (1/2))^(2/3) + 13305)/(1419091 + 8 * i * 5335501271 ^ (1/2))^(1/3))^(1/2) *
(1419091 + 8 * i * 5335501271 ^ (1/2))^(2/3) + 13305 * (( - 157 * (1419091 + 8 * i * 5335501271 ^
(1/2))^(1/3) + (1419091 + 8 * i * 5335501271 ^ (1/2))^(2/3) + 13305)/(1419091 + 8 * i *
5335501271 ^ (1/2))^(1/3))^(1/2) + 4576 * (1419091 + 8 * i * 5335501271 ^ (1/2))^(1/3))/
(1419091 + 8 * i * 5335501271 ^ (1/2))^(1/3)/(( - 157 * (1419091 + 8 * i * 5335501271 ^ (1/2))^
(1/3) + (1419091 + 8 * i * 5335501271 ^ (1/2))^(2/3) + 13305)/(1419091 + 8 * i * 5335501271 ^ (1/
2))^(1/3))^(1/2))^(1/2)
9/2 - 1/2 * (( - 157 * (1419091 + 8 * i * 5335501271 ^ (1/2))^(1/3) + (1419091 + 8 * i * 5335501271 ^
(1/2))^(2/3) + 13305)/(1419091 + 8 * i * 5335501271 ^ (1/2))^(1/3))^(1/2) + 1/2 * ( - (314 *
(1419091 + 8 * i * 5335501271 ^ (1/2))^(1/3) * (( - 157 * (1419091 + 8 * i * 5335501271 ^ (1/2))^
(1/3) + (1419091 + 8 * i * 5335501271 ^ (1/2))^(2/3) + 13305)/(1419091 + 8 * i * 5335501271 ^ (1/
2))^(1/3))^(1/2) + (( - 157 * (1419091 + 8 * i * 5335501271 ^ (1/2))^(1/3) + (1419091 + 8 * i *
5335501271 ^ (1/2))^(2/3) + 13305)/(1419091 + 8 * i * 5335501271 ^ (1/2))^(1/3))^(1/2) *
(1419091 + 8 * i * 5335501271 ^ (1/2))^(2/3) + 13305 * (( - 157 * (1419091 + 8 * i * 5335501271 ^
(1/2))^(1/3) + (1419091 + 8 * i * 5335501271 ^ (1/2))^(2/3) + 13305)/(1419091 + 8 * i *
5335501271 ^ (1/2))^(1/3))^(1/2) - 4576 * (1419091 + 8 * i * 5335501271 ^ (1/2))^(1/3))/
(1419091 + 8 * i * 5335501271 ^ (1/2))^(1/3)/(( - 157 * (1419091 + 8 * i * 5335501271 ^ (1/2))^
(1/3) + (1419091 + 8 * i * 5335501271 ^ (1/2))^(2/3) + 13305)/(1419091 + 8 * i * 5335501271 ^ (1/
2))^(1/3))^(1/2))^(1/2)
9/2 - 1/2 * (( - 157 * (1419091 + 8 * i * 5335501271 ^ (1/2))^(1/3) + (1419091 + 8 * i * 5335501271 ^
(1/2))^(2/3) + 13305)/(1419091 + 8 * i * 5335501271 ^ (1/2))^(1/3))^(1/2) - 1/2 * ( - (314 *
(1419091 + 8 * i * 5335501271 ^ (1/2))^(1/3) * (( - 157 * (1419091 + 8 * i * 5335501271 ^ (1/2))^
(1/3) + (1419091 + 8 * i * 5335501271 ^ (1/2))^(2/3) + 13305)/(1419091 + 8 * i * 5335501271 ^ (1/
2))^(1/3))^(1/2) + (( - 157 * (1419091 + 8 * i * 5335501271 ^ (1/2))^(1/3) + (1419091 + 8 * i *
5335501271 ^ (1/2))^(2/3) + 13305)/(1419091 + 8 * i * 5335501271 ^ (1/2))^(1/3))^(1/2) *
(1419091 + 8 * i * 5335501271 ^ (1/2))^(2/3) + 13305 * (( - 157 * (1419091 + 8 * i * 5335501271 ^
(1/2))^(1/3) + (1419091 + 8 * i * 5335501271 ^ (1/2))^(2/3) + 13305)/(1419091 + 8 * i *
5335501271 ^ (1/2))^(1/3))^(1/2) - 4576 * (1419091 + 8 * i * 5335501271 ^ (1/2))^(1/3))/
(1419091 + 8 * i * 5335501271 ^ (1/2))^(1/3)/(( - 157 * (1419091 + 8 * i * 5335501271 ^ (1/2))^
(1/3) + (1419091 + 8 * i * 5335501271 ^ (1/2))^(2/3) + 13305)/(1419091 + 8 * i * 5335501271 ^ (1/
2))^(1/3))^(1/2))^(1/2)
>> eval(p)
ans =
      8.7350 + 16.4545i
      8.7350 - 16.4545i
```

```
       0.2650 - 0.7882i
       0.2650 + 0.7882i
```

以上的 4 个长表达式就是原方程的 4 个解析解,因不直观,通过"eval"命令,将其转换为数值解。

所以,原方程的数值解为

$$\begin{cases} x_1 = 8.74 + 16.45i \\ x_2 = 8.74 - 16.45i \\ x_3 = 0.27 - 0.79i \\ x_4 = 0.27 + 0.79i \end{cases}$$

【例 7.20】 解一元四次方程 $x^4 - 2x^3 + 2x^2 - 2x + 1 = 0$。

解:

```
>> syms p;
>> p = solve('x^4 - 2 * x^3 + 2 * x^2 - 2 * x + 1 = 0')
p =
    1
    1
    i
   - i
```

所以,原方程的解为

$$\begin{cases} x_1 = 1 \\ x_2 = 1 \\ x_3 = i \\ x_4 = -i \end{cases}$$

【例 7.21】 解一元四次方程 $x^4 - 6x^2 + 8x - 3 = 0$。

解:

```
>> syms p;
>> p = solve('x^4 - 6 * x^2 + 8 * x - 3 = 0')
p =
    -3
    1
    1
    1
```

所以,原方程的解为

$$\begin{cases} x_1 = -3 \\ x_2 = 1 \\ x_3 = 1 \\ x_4 = 1 \end{cases}$$

【例 7.22】 解一元四次方程 $x^4 - 2x^2 + 4 = 0$。

解:

```
>> syms p;
```

```
>> p = solve('x^4 - 2 * x^2 + 4 = 0')
p =
    - (1 + sqrt( - 1) * 3 ^ (1/2))^(1/2)
    (1 + sqrt( - 1) * 3 ^ (1/2))^(1/2)
    - (1 - sqrt( - 1) * 3 ^ (1/2))^(1/2)
    (1 - sqrt( - 1) * 3 ^ (1/2))^(1/2)
>> eval(p)
ans =
    - 1.2247 - 0.7071i
    1.2247 + 0.7071i
    - 1.2247 + 0.7071i
    1.2247 - 0.7071i
```

以上"p＝"后面的 4 行表达式就是原方程的 4 个解析解,因不直观,通过"eval"命令,将其转换为数值解。

所以,原方程的数值解为

$$\begin{cases} x_1 = -1.22 - 0.71i \\ x_2 = 1.22 + 0.71i \\ x_3 = -1.22 + 0.71i \\ x_4 = 1.22 - 0.71i \end{cases}$$

【例 7.23】 解一元四次方程 $x^4 + 6x^2 + 4 = 0$。

解:

```
>> syms p;
>> p = solve('x^4 + 6 * x^2 + 4 = 0')
p =
    - 1/2 * sqrt( - 1) * (10 ^ (1/2) - 2 ^ (1/2))
    1/2 * sqrt( - 1) * (10 ^ (1/2) - 2 ^ (1/2))
    - 1/2 * sqrt( - 1) * (10 ^ (1/2) + 2 ^ (1/2))
    1/2 * sqrt( - 1) * (10 ^ (1/2) + 2 ^ (1/2))
>> eval(p)
ans =
    0 - 0.8740i
    0 + 0.8740i
    0 - 2.2882i
       0 + 2.2882i
```

以上"p＝"后面的 4 行表达式就是原方程的 4 个解析解,因不直观,通过"eval"命令,将其转换为数值解。

所以,原方程的数值解为

$$\begin{cases} x_1 = -0.87i \\ x_2 = 0.87i \\ x_3 = -2.29i \\ x_4 = 2.29i \end{cases}$$

7.5 复系数一元一次方程

未知数是 z 的复系数一元一次方程的一般形式为

$$mz + b = 0$$

式中,m 和 b 都为复数,并且 $m \neq 0$。该方程的解为

$$z = -\frac{b}{m}$$

复系数一元一次方程的解 z 也是复数,求解复系数一元一次方程相当于作一次复数除法。以下就是用 MATLAB 解复系数一元一次方程的两个例子。

【例 7.24】 解复系数一元一次方程 $(3+4i)z+1-2i=2+2i$。

解：

```
>> syms p;
>> p = solve('(3 + 4 * i) * z + 1 - 2 * i = 2 + 2 * i')
p =
   (1 + 4 * i)/(3 + 4 * i)
>> eval(p)
ans =
   0.7600 + 0.3200i
```

所以,原方程的解为 $z = \dfrac{1+4i}{3+4i}$,解的最简形式为 $z = 0.76 + 0.32i$。

【例 7.25】 解复系数一元一次方程 $(3+i)z+(1-2i)z=3-5i$。

解：

```
>> syms p;
>> p = solve('(3 + i) * z + (1 - 2 * i) * z = 3 - 5 * i')
p =
   1 - i
```

所以,原方程的解为 $z = 1 - i$。

7.6 复系数一元二次方程

7.6.1 复系数一元二次方程解法介绍

实系数一元二次方程的一般形式为

$$ax^2 + bx + c = 0 \quad (a \neq 0) \tag{7.4}$$

式中,系数 a、b、c 都取实数。如果式(7-4)中的系数 a、b、c 都取复数,则式(7-4)便称为复系数一元二次方程。

任一复系数一元二次方程 $ax^2 + bx + c = 0$,通过方程两边都除以 a(a 为复数)可以化为如下形式

$$z^2 + (a + bi)z + c + di = 0 \tag{7.5}$$

式中，z 是未知复数，$i = \sqrt{-1}$，其中（a、b、c、$d \in R$，$z \in C$）。

关于解复系数一元二次方程 $z^2 + (a+bi)z + c + di = 0$，共有 4 个定理。

定理 1　在方程(7-5)中，若 $d = \dfrac{ab}{2}$，则

(1) 当 $\Delta_1 > 0$ 时，方程有两复根

$$z_1 = -\frac{a}{2} + \frac{-b + \sqrt{\Delta_1}}{2}, \quad z_2 = -\frac{a}{2} - \frac{b + \sqrt{\Delta_1}}{2}i$$

(2) 当 $\Delta_1 = 0$ 时，方程有两个相等复根

$$z_1 = z_2 = -\frac{a}{2} - \frac{b}{2}i$$

(3) 当 $\Delta_1 < 0$ 时，方程有两复根

$$z_1 = \frac{-a + \sqrt{-\Delta_1}}{2} - \frac{b}{2}i, \quad z_2 = -\frac{a + \sqrt{-\Delta_1}}{2} - \frac{b}{2}i$$

这里，$\Delta_1 = 4c + b^2 - a^2$。

定理 2　在方程(7-5)中，若 $c = \dfrac{a^2 - b^2}{4}$，则

(1) 当 $\Delta_2 > 0$ 时，方程有两复根

$$z_1 = \frac{-a + \sqrt{\Delta_2}}{2} + \frac{-b + \sqrt{\Delta_2}}{2}i, \quad z_2 = -\frac{a + \sqrt{\Delta_2}}{2} - \frac{b + \sqrt{\Delta_2}}{2}i$$

(2) 当 $\Delta_2 > 0$ 时，方程有两个相等复根

$$z_1 = z_2 = -\frac{a}{2} - \frac{b}{2}i$$

(3) 当 $\Delta_2 < 0$ 时，方程有两复根

$$z_1 = \frac{-a + \sqrt{-\Delta_2}}{2} + \frac{-b - \sqrt{-\Delta_2}}{2}i, \quad z_2 = -\frac{a + \sqrt{-\Delta_2}}{2} + \frac{-b + \sqrt{-\Delta_2}}{2}i$$

这里，$\Delta_2 = ab - 2d$。

定理 3　在方程(7-5)中，若 $c \neq \dfrac{a^2 - b^2}{4}$，$d \neq \dfrac{ab}{2}$ 则

(1) 当 $\Delta_3 > 0$ 时，方程有两复根

$$z_1 = -\frac{a}{2} + \frac{\sqrt{\Delta_3}}{2}\sqrt{\sqrt{\lambda_0^2 + 1} - \lambda_0} - \frac{1}{2}\left(b - \frac{\sqrt{\Delta_3}}{\sqrt{\sqrt{\lambda_0^2 + 1} - \lambda_0}}\right)i$$

$$z_2 = -\frac{a}{2} - \frac{\sqrt{\Delta_3}}{2}\sqrt{\sqrt{\lambda_0^2 + 1} - \lambda_0} - \frac{1}{2}\left(b + \frac{\sqrt{\Delta_3}}{\sqrt{\sqrt{\lambda_0^2 + 1} - \lambda_0}}\right)i$$

(2) 当 $\Delta_3 < 0$ 时，方程有两复根

$$z_1 = -\frac{a}{2} - \frac{\sqrt{-\Delta_3}}{2}\sqrt{\sqrt{\lambda_0^2 + 1} - \lambda_0} - \frac{1}{2}\left(b - \frac{\sqrt{-\Delta_3}}{\sqrt{\sqrt{\lambda_0^2 + 1} + \lambda_0}}\right)i$$

$$z_2 = -\frac{a}{2} + \frac{\sqrt{-\Delta_3}}{2}\sqrt{\sqrt{\lambda_0^2 + 1} - \lambda_0} - \frac{1}{2}\left(b + \frac{\sqrt{-\Delta_3}}{\sqrt{\sqrt{\lambda_0^2 + 1} + \lambda_0}}\right)i$$

这里，$\lambda_0 = \dfrac{4c + b^2 - a^2}{2(ab - 2d)}$，$\Delta_3 = ab - 2d$。

定理 4 在方程(7-5)中，

(1) 当 $\Delta_1 = 0$，

① 且 $\Delta_2 > 0$ 时，

$$z_1 = -\frac{1}{2}(a - \sqrt{\Delta_2}) - \frac{1}{2}b\mathrm{i} \quad z_2 = -\frac{1}{2}(a + \sqrt{\Delta_2}) - \frac{1}{2}b\mathrm{i}$$

② 且 $\Delta_2 = 0$ 时，$\quad z_1 = z_2 = -\dfrac{a}{2} - \dfrac{b}{2}\mathrm{i}$

③ 且 $\Delta_2 < 0$ 时，$\quad z_1 = -\dfrac{1}{2}a - \dfrac{1}{2}(b - \sqrt{-\Delta_2})\mathrm{i} \quad z_2 = -\dfrac{1}{2}a - \dfrac{1}{2}(b + \sqrt{-\Delta_2})\mathrm{i}$

(2) 当 $\Delta_1 > 0$ 时，

$$z_1 = -\frac{1}{2}\left(a - \sqrt{\frac{\sqrt{\Delta_2{}^2 + 4\Delta_1{}^2} + \Delta_2}{2}}\right) - \frac{1}{2}\left(b - \sqrt{\frac{\sqrt{\Delta_2{}^2 + 4\Delta_1{}^2} - \Delta_2}{2}}\right)\mathrm{i}$$

$$z_2 = -\frac{1}{2}\left(a + \sqrt{\frac{\sqrt{\Delta_2{}^2 + 4\Delta_1{}^2} + \Delta_2}{2}}\right) - \frac{1}{2}\left(b + \sqrt{\frac{\sqrt{\Delta_2{}^2 + 4\Delta_1{}^2} - \Delta_2}{2}}\right)\mathrm{i}$$

(3) 当 $\Delta_1 < 0$ 时，

$$z_1 = -\frac{1}{2}\left(a - \sqrt{\frac{\sqrt{\Delta_2{}^2 + 4\Delta_1{}^2} + \Delta_2}{2}}\right) - \frac{1}{2}\left(b + \sqrt{\frac{\sqrt{\Delta_2{}^2 + 4\Delta_1{}^2} - \Delta_2}{2}}\right)\mathrm{i}$$

$$z_2 = -\frac{1}{2}\left(a + \sqrt{\frac{\sqrt{\Delta_2{}^2 + 4\Delta_1{}^2} + \Delta_2}{2}}\right) - \frac{1}{2}\left(b - \sqrt{\frac{\sqrt{\Delta_2{}^2 + 4\Delta_1{}^2} - \Delta_2}{2}}\right)\mathrm{i}$$

这里，$\Delta_1 = ab - 2d$，$\Delta_2 = a^2 - b^2 - 4c$。

7.6.2 说明

复系数一元二次方程指如下形式的一元二次方程，$z^2 + (a + b\mathrm{i})z + c + d\mathrm{i} = 0$。式中 z 是未知复数，$\mathrm{i} = \sqrt{-1}$，其中 $(a、b、c、d \in \mathrm{R}, z \in \mathrm{C})$。

根据复系数一元二次方程中，系数间关系式 $d = \dfrac{ab}{2}$，$c = \dfrac{a^2 - b^2}{4}$，$d \neq \dfrac{ab}{2}$ 和 $c \neq \dfrac{a^2 - b^2}{4}$，分三种情况。编程时对应这三种情形编出对应程序即可。

7.6.3 实例

【例 7.26】 解复系数一元二次方程 $z^2 + (1 + 2\mathrm{i})z + 3 + \mathrm{i} = 0$。

解：

```
>> syms p;
>> p = solve('z^2 + (1 + 2 * i) * z + 3 + i')
p =
   -1/2 - i + 1/2 * (-11 + 4 * i^2)^(1/2)
   -1/2 - i - 1/2 * (-11 + 4 * i^2)^(1/2)
>> eval(p)
ans =
   -0.5000 + 0.9365i
```

$$-0.5000 - 2.9365i$$

以上"p="后面的两行表达式就是原方程的两个解析解,因不直观,通过"eval"命令,将其转换为数值解。

所以,原方程的数值解为

$$\begin{cases} z_1 = -0.5 + 0.94i \\ z_2 = -0.5 - 2.94i \end{cases}$$

【例 7.27】 解复系数一元二次方程 $z^2 + (5+3i)z + 4 + i = 0$。

解:

```
>> syms p;
>> p = solve('z^2 + (5 + 3 * i) * z + 4 + i')
p =
    - 5/2 - 3/2 * i + 1/2 * (9 + 26 * i + 9 * i^2)^(1/2)
    - 5/2 - 3/2 * i - 1/2 * (9 + 26 * i + 9 * i^2)^(1/2)
>> eval(p)
ans =
    - 0.6972 + 0.3028i
    - 4.3028 - 3.3028i
```

以上"p="后面的两行表达式就是原方程的两个解析解,因不直观,通过"eval"命令,将其转换为数值解。

所以,原方程的数值解为

$$\begin{cases} z_1 = -0.70 + 0.30i \\ z_2 = -4.30 - 3.30i \end{cases}$$

【例 7.28】 解复系数一元二次方程 $z^2 + (1+2i)z + 3 - i = 0$。

解:

```
>> syms p;
>> p = solve('z^2 + (1 + 2 * i) * z + 3 - i = 0')
p =
    - 1/2 - i + 1/2 * (- 11 + 8 * i + 4 * i^2)^(1/2)
    - 1/2 - i - 1/2 * (- 11 + 8 * i + 4 * i^2)^(1/2)
>> eval(p)
ans =
    - 0.0000 + 1.0000i
    - 1.0000 - 3.0000i
```

以上"p="后面的两行表达式就是原方程的两个解析解,因不直观,通过"eval"命令,将其转换为数值解。

所以,原方程的数值解为

$$\begin{cases} z_1 = i \\ z_2 = -1 - 3i \end{cases}$$

【例 7.29】 解复系数一元二次方程 $z^2 + (-5+3i)z + 4 - 8i = 0$。

解:

```
>> syms p;
>> p = solve('z^2 + ( - 5 + 3 * i) * z + 4 - 8 * i = 0')
p =
    5/2 - 3/2 * i + 1/2 * (9 + 2 * i + 9 * i^2)^(1/2)
    5/2 - 3/2 * i - 1/2 * (9 + 2 * i + 9 * i^2)^(1/2)
>> eval(p)
ans =
    3.0000 - 1.0000i
    2.0000 - 2.0000i
```

以上"p＝"后面的两行表达式就是原方程的两个解析解,因不直观,通过"eval"命令,将其转换为数值解。

所以,原方程的数值解为

$$\begin{cases} z_1 = 3 - i \\ z_2 = 2 - 2i \end{cases}$$

【例 7.30】 解复系数一元二次方程 $z^2 + (-5+3i)z+4-3i=0$。

解:

```
>> syms p;
>> p = solve('z^2 + ( - 5 + 3 * i) * z + 4 - 3 * i = 0')
p =
    1
    - 3 * i + 4
```

所以,原方程的解为

$$\begin{cases} z_1 = 1 \\ z_2 = 4 - 3i \end{cases}$$

7.7 复系数一元三次方程

作者没有查到求解复系数一元三次方程的现成公式。以下是用 MATLAB 解复系数一元三次方程的实例。

【例 7.31】 解复系数一元三次方程 $z^3 + (1+i)z+4-3i=0$。

解:

```
>> syms p;
>> p = solve('z^3 + (1 + i) * z + 4 - 3 * i = 0')
p =

1/2 * ( - 16 + 12 * i + 4/9 * (543 - 1920 * i)^(1/2))^(1/3) - (2/3 + 2/3 * i)/( - 16 + 12 * i + 4/9 *
(543 - 1920 * i)^(1/2))^(1/3)

- 1/4 * ( - 16 + 12 * i + 4/9 * (543 - 1920 * i)^(1/2))^(1/3) + (1/3 + 1/3 * i)/( - 16 + 12 * i + 4/9 *
(543 - 1920 * i)^(1/2))^(1/3) + 1/2 * i * 3^(1/2) * (1/2 * ( - 16 + 12 * i + 4/9 * (543 - 1920 * i)^
(1/2))^(1/3) + (2/3 + 2/3 * i)/( - 16 + 12 * i + 4/9 * (543 - 1920 * i)^(1/2))^(1/3))
```

$-1/4*(-16+12*i+4/9*(543-1920*i)^{}(1/2))^{}(1/3)+(1/3+1/3*i)/(-16+12*i+4/9*(543-1920*i)^{}(1/2))^{}(1/3)-1/2*i*3^{}(1/2)*(1/2*(-16+12*i+4/9*(543-1920*i)^{}(1/2))^{}(1/3)+(2/3+2/3*i)/(-16+12*i+4/9*(543-1920*i)^{}(1/2))^{}(1/3))$

```
>> eval(p)
ans =
    - 1.5195 + 0.5970i
     0.8743 + 1.2755i
     0.6451 - 1.8725i
```

以上"p="后面的连续 3 块长表达式就是原方程的 3 个解析解,因不直观,通过"eval"命令,将其转换为数值解。

所以,原方程的数值解为

$$\begin{cases} z_1 = -1.52 + 0.60i \\ z_2 = 0.87 + 1.28i \\ z_3 = 0.65 - 1.87i \end{cases}$$

【例 7.32】 解复系数一元三次方程 $(1+i)z^3+(1-i)z^2-(1+i)z+3-2i=0$。

解:

```
>> syms p;
>> p = solve('(1 + i) * z^3 + (1 - i) * z^2 - (1 + i) * z + 3 - 2 * i = 0')
p =
```

$1/6*(-54+298*i+6*(-2400-894*i)^{}(1/2))^{}(1/3)+4/3/(-54+298*i+6*(-2400-894*i)^{}(1/2))^{}(1/3)+1/3*i$

$-1/12*(-54+298*i+6*(-2400-894*i)^{}(1/2))^{}(1/3)-2/3/(-54+298*i+6*(-2400-894*i)^{}(1/2))^{}(1/3)+1/3*i+1/2*i*3^{}(1/2)*(1/6*(-54+298*i+6*(-2400-894*i)^{}(1/2))^{}(1/3)-4/3/(-54+298*i+6*(-2400-894*i)^{}(1/2))^{}(1/3))$

$-1/12*(-54+298*i+6*(-2400-894*i)^{}(1/2))^{}(1/3)-2/3/(-54+298*i+6*(-2400-894*i)^{}(1/2))^{}(1/3)+1/3*i-1/2*i*3^{}(1/2)*(1/6*(-54+298*i+6*(-2400-894*i)^{}(1/2))^{}(1/3)-4/3/(-54+298*i+6*(-2400-894*i)^{}(1/2))^{}(1/3))$

```
>> eval(p)
ans =
     1.3091 + 1.0235i
     0.0934 - 0.9177i
    - 1.4025 + 0.8942i
```

以上"p="后面的连续 3 块长表达式就是原方程的 3 个解析解,因不直观,通过"eval"命令,将其转换为数值解。

所以,原方程的数值解为

$$\begin{cases} z_1 = 1.31 + 1.024i \\ z_2 = 0.09 - 0.918i \\ z_3 = -1.40 + 0.894i \end{cases}$$

【例 7.33】 解复系数一元三次方程 $z^3+z^2+(-5+3i)z+4-8i=0$。

解:

```
>> syms p;
>> p = solve('z^3 + z^2 + ( - 5 + 3 * i) * z + 4 - 8 * i = 0')
p =
```

1/6 * (- 620 + 972 * i + 12 * (- 3984 - 5622 * i)^(1/2))^(1/3) + (32/3 - 6 * i)/(- 620 + 972 * i +
12 * (- 3984 - 5622 * i)^(1/2))^(1/3) - 1/3

- 1/12 * (- 620 + 972 * i + 12 * (- 3984 - 5622 * i)^(1/2))^(1/3) + (- 16/3 + 3 * i)/(- 620 + 972 *
i + 12 * (- 3984 - 5622 * i)^(1/2))^(1/3) - 1/3 + 1/2 * i * 3^(1/2) * (1/6 * (- 620 + 972 * i + 12 *
(- 3984 - 5622 * i)^(1/2))^(1/3) + (- 32/3 + 6 * i)/(- 620 + 972 * i + 12 * (- 3984 - 5622 * i)^
(1/2))^(1/3))

- 1/12 * (- 620 + 972 * i + 12 * (- 3984 - 5622 * i)^(1/2))^(1/3) + (- 16/3 + 3 * i)/(- 620 + 972 *
i + 12 * (- 3984 - 5622 * i)^(1/2))^(1/3) - 1/3 - 1/2 * i * 3^(1/2) * (1/6 * (- 620 + 972 * i + 12 *
(- 3984 - 5622 * i)^(1/2))^(1/3) + (- 32/3 + 6 * i)/(- 620 + 972 * i + 12 * (- 3984 - 5622 * i)^
(1/2))^(1/3))

```
>> eval(p)
ans =
      0.6437 - 1.3840i
     - 3.2902 + 0.8888i
      1.6465 + 0.4952i
```

以上"p="后面的连续 3 块长表达式就是原方程的 3 个解析解,因不直观,通过"eval"命令,将其转换为数值解。

所以,原方程的数值解为

$$\begin{cases} z_1 = 0.64 - 1.38i \\ z_2 = -3.29 + 0.89i \\ z_3 = 1.65 + 0.50i \end{cases}$$

【例 7.34】 解复系数一元三次方程 $z^3 + 2z^2 + z + 2i = 0$。

解:

```
>> syms p;
>> p = solve('z^3 + 2 * z^2 + z + 2 * i = 0')
p =
```

1/3 * (1 - 27 * i + 3 * (- 81 - 6 * i)^(1/2))^(1/3) + 1/3/(1 - 27 * i + 3 * (- 81 - 6 * i)^(1/2))^
(1/3) - 2/3

- 1/6 * (1 - 27 * i + 3 * (- 81 - 6 * i)^(1/2))^(1/3) - 1/6/(1 - 27 * i + 3 * (- 81 - 6 * i)^(1/2))^
(1/3) - 2/3 + 1/2 * i * 3^(1/2) * (1/3 * (1 - 27 * i + 3 * (- 81 - 6 * i)^(1/2))^(1/3) - 1/3/(1 -
27 * i + 3 * (- 81 - 6 * i)^(1/2))^(1/3))

- 1/6 * (1 - 27 * i + 3 * (- 81 - 6 * i)^(1/2))^(1/3) - 1/6/(1 - 27 * i + 3 * (- 81 - 6 * i)^(1/2))^
(1/3) - 2/3 - 1/2 * i * 3^(1/2) * (1/3 * (1 - 27 * i + 3 * (- 81 - 6 * i)^(1/2))^(1/3) - 1/3/(1 -
27 * i + 3 * (- 81 - 6 * i)^(1/2))^(1/3))

```
>> eval(p)
ans =
      0.5094 - 0.5735i
     - 0.6833 + 1.1721i
```

$$-1.8261 - 0.5986i$$

以上"p＝"后面的连续 3 块长表达式就是原方程的 3 个解析解,因不直观,通过"eval"命令,将其转换为数值解。

所以,原方程的数值解为

$$\begin{cases} z_1 = 0.51 - 0.57i \\ z_2 = -0.68 + 1.17i \\ z_3 = -1.83 - 0.60i \end{cases}$$

【例 7.35】 解复系数一元三次方程$(6+3i)z^3+(3+3i)z^2+2z+1=0$。

解：

```
>> syms p;
>> p = solve('(6 + 3 * i) * z^3 + (3 + 3 * i) * z^2 + 2 * z + 1 = 0')
p =
```

1/30 * (− 1104 + 572 * i + 20 * (1031 − 3608 * i)^(1/2))^(1/3) + (− 8/5 + 32/15 * i)/(− 1104 + 572 * i + 20 * (1031 − 3608 * i)^(1/2))^(1/3) − 1/5 − 1/15 * i

− 1/60 * (− 1104 + 572 * i + 20 * (1031 − 3608 * i)^(1/2))^(1/3) + (4/5 − 16/15 * i)/(− 1104 + 572 * i + 20 * (1031 − 3608 * i)^(1/2))^(1/3) − 1/5 − 1/15 * i + 1/2 * i * 3 ^ (1/2) * (1/30 * (− 1104 + 572 * i + 20 * (1031 − 3608 * i)^(1/2))^(1/3) + (8/5 − 32/15 * i)/(− 1104 + 572 * i + 20 * (1031 − 3608 * i)^(1/2))^(1/3))

− 1/60 * (− 1104 + 572 * i + 20 * (1031 − 3608 * i)^(1/2))^(1/3) + (4/5 − 16/15 * i)/(− 1104 + 572 * i + 20 * (1031 − 3608 * i)^(1/2))^(1/3) − 1/5 − 1/15 * i − 1/2 * i * 3 ^ (1/2) * (1/30 * (− 1104 + 572 * i + 20 * (1031 − 3608 * i)^(1/2))^(1/3) + (8/5 − 32/15 * i)/(− 1104 + 572 * i + 20 * (1031 − 3608 * i)^(1/2))^(1/3))

```
>> eval(p)
ans =
    − 0.4962 − 0.1162i
    0.1360 + 0.4673i
    − 0.2398 − 0.5511i
```

以上"p＝"后面的连续 3 块长表达式就是原方程的 3 个解析解,因不直观,通过"eval"命令,将其转换为数值解。

所以,原方程的数值解为

$$\begin{cases} z_1 = -0.50 - 0.12i \\ z_2 = 0.14 + 0.47i \\ z_3 = -0.24 - 0.55i \end{cases}$$

【例 7.36】 解复系数一元三次方程 $z^3-1-i=0$。

解：

```
>> syms p;
>> p = solve('z^3 - 1 - i = 0')
p =
    (1 + i)^(1/3)
    -1/2 * (1 + i)^(1/3) + 1/2 * i * 3 ^ (1/2) * (1 + i)^(1/3)
```

$-1/2*(1+i)^{(1/3)} - 1/2*i*3^{(1/2)}*(1+i)^{(1/3)}$

```
>> eval(p)
ans =
    1.0842 + 0.2905i
  - 0.7937 + 0.7937i
  - 0.2905 - 1.0842i
```

以上"p="后面的连续 3 行表达式就是原方程的 3 个解析解,因不直观,通过"eval"命令,将其转换为数值解。

所以,原方程的数值解为

$$\begin{cases} z_1 = 1.08 + 0.29i \\ z_2 = -0.79 + 0.79i \\ z_3 = -0.29 - 1.08i \end{cases}$$

7.8　复系数一元四次方程

作者没有查到解复系数一元四次方程的现成公式。以下是用 MATLAB 解复系数一元四次方程的实例。

【例 7.37】　解复系数一元四次方程 $z^4 + z^3 + z^2 (-5+3i)z + 4 - 8i = 0$。

解:

```
>> syms p;
>> p = solve('z^4 + z^3 + z^2 + (-5+3*i)*z + 4 - 8*i = 0')
p =
```

$-1/4 + 1/12*(-(15*(1196 - 1908*i + 12*(808944 + 27246*i)^{(1/2)})^{(1/3)} - 6*(1196 - 1908*i + 12*(808944 + 27246*i)^{(1/2)})^{(2/3)} - 1536 + 2520*i)/(1196 - 1908*i + 12*(808944 + 27246*i)^{(1/2)})^{(1/3)})^{(1/2)} + 1/12*(-(30*(1196 - 1908*i + 12*(808944 + 27246*i)^{(1/2)})^{(1/3)}*(-(15*(1196 - 1908*i + 12*(808944 + 27246*i)^{(1/2)})^{(1/3)} - 6*(1196 - 1908*i + 12*(808944 + 27246*i)^{(1/2)})^{(2/3)} - 1536 + 2520*i)/(1196 - 1908*i + 12*(808944 + 27246*i)^{(1/2)})^{(1/3)})^{(1/2)} + 6*(-(15*(1196 - 1908*i + 12*(808944 + 27246*i)^{(1/2)})^{(1/3)} - 6*(1196 - 1908*i + 12*(808944 + 27246*i)^{(1/2)})^{(2/3)} - 1536 + 2520*i)/(1196 - 1908*i + 12*(808944 + 27246*i)^{(1/2)})^{(1/3)})^{(1/2)}*(1196 - 1908*i + 12*(808944 + 27246*i)^{(1/2)})^{(2/3)} + 1536*(-(15*(1196 - 1908*i + 12*(808944 + 27246*i)^{(1/2)})^{(1/3)} - 6*(1196 - 1908*i + 12*(808944 + 27246*i)^{(1/2)})^{(2/3)} - 1536 + 2520*i)/(1196 - 1908*i + 12*(808944 + 27246*i)^{(1/2)})^{(1/3)})^{(1/2)} - 2520*i*(-(15*(1196 - 1908*i + 12*(808944 + 27246*i)^{(1/2)})^{(1/3)} - 6*(1196 - 1908*i + 12*(808944 + 27246*i)^{(1/2)})^{(2/3)} - 1536 + 2520*i)/(1196 - 1908*i + 12*(808944 + 27246*i)^{(1/2)})^{(1/3)})^{(1/2)} - 2322*(1196 - 1908*i + 12*(808944 + 27246*i)^{(1/2)})^{(1/3)} + 1296*i*(1196 - 1908*i + 12*(808944 + 27246*i)^{(1/2)})^{(1/3)})/(1196 - 1908*i + 12*(808944 + 27246*i)^{(1/2)})^{(1/3)}/(-(15*(1196 - 1908*i + 12*(808944 + 27246*i)^{(1/2)})^{(1/3)} - 6*(1196 - 1908*i + 12*(808944 + 27246*i)^{(1/2)})^{(2/3)} - 1536 + 2520*i)/(1196 - 1908*i + 12*(808944 + 27246*i)^{(1/2)})^{(1/3)})^{(1/2)})^{(1/2)}$

$-1/4 + 1/12*(-(15*(1196 - 1908*i + 12*(808944 + 27246*i)^{(1/2)})^{(1/3)} - 6*(1196 - 1908*i + 12*(808944 + 27246*i)^{(1/2)})^{(2/3)} - 1536 + 2520*i)/(1196 - 1908*i + 12*$

$(808944 + 27246 * i)^{\wedge}(1/2))^{\wedge}(1/3))^{\wedge}(1/2) - 1/12 * (-(30 * (1196 - 1908 * i + 12 * (808944 + 27246 * i)^{\wedge}(1/2))^{\wedge}(1/3) * (-(15 * (1196 - 1908 * i + 12 * (808944 + 27246 * i)^{\wedge}(1/2))^{\wedge}(1/3) - 6 * (1196 - 1908 * i + 12 * (808944 + 27246 * i)^{\wedge}(1/2))^{\wedge}(2/3) - 1536 + 2520 * i)/(1196 - 1908 * i + 12 * (808944 + 27246 * i)^{\wedge}(1/2))^{\wedge}(1/3))^{\wedge}(1/2) + 6 * (-(15 * (1196 - 1908 * i + 12 * (808944 + 27246 * i)^{\wedge}(1/2))^{\wedge}(1/3) - 6 * (1196 - 1908 * i + 12 * (808944 + 27246 * i)^{\wedge}(1/2))^{\wedge}(2/3) - 1536 + 2520 * i)/(1196 - 1908 * i + 12 * (808944 + 27246 * i)^{\wedge}(1/2))^{\wedge}(1/3))^{\wedge}(1/2) * (1196 - 1908 * i + 12 * (808944 + 27246 * i)^{\wedge}(1/2))^{\wedge}(2/3) + 1536 * (-(15 * (1196 - 1908 * i + 12 * (808944 + 27246 * i)^{\wedge}(1/2))^{\wedge}(1/3) - 6 * (1196 - 1908 * i + 12 * (808944 + 27246 * i)^{\wedge}(1/2))^{\wedge}(2/3) - 1536 + 2520 * i)/(1196 - 1908 * i + 12 * (808944 + 27246 * i)^{\wedge}(1/2))^{\wedge}(1/3))^{\wedge}(1/2) - 2520 * i * (-(15 * (1196 - 1908 * i + 12 * (808944 + 27246 * i)^{\wedge}(1/2))^{\wedge}(1/3) - 6 * (1196 - 1908 * i + 12 * (808944 + 27246 * i)^{\wedge}(1/2))^{\wedge}(2/3) - 1536 + 2520 * i)/(1196 - 1908 * i + 12 * (808944 + 27246 * i)^{\wedge}(1/2))^{\wedge}(1/3))^{\wedge}(1/2) - 2322 * (1196 - 1908 * i + 12 * (808944 + 27246 * i)^{\wedge}(1/2))^{\wedge}(1/3) + 1296 * i * (1196 - 1908 * i + 12 * (808944 + 27246 * i)^{\wedge}(1/2))^{\wedge}(1/3))/(1196 - 1908 * i + 12 * (808944 + 27246 * i)^{\wedge}(1/2))^{\wedge}(1/3)/(-(15 * (1196 - 1908 * i + 12 * (808944 + 27246 * i)^{\wedge}(1/2))^{\wedge}(1/3) - 6 * (1196 - 1908 * i + 12 * (808944 + 27246 * i)^{\wedge}(1/2))^{\wedge}(2/3) - 1536 + 2520 * i)/(1196 - 1908 * i + 12 * (808944 + 27246 * i)^{\wedge}(1/2))^{\wedge}(1/3))^{\wedge}(1/2))^{\wedge}(1/2)$

$-1/4 - 1/12 * (-(15 * (1196 - 1908 * i + 12 * (808944 + 27246 * i)^{\wedge}(1/2))^{\wedge}(1/3) - 6 * (1196 - 1908 * i + 12 * (808944 + 27246 * i)^{\wedge}(1/2))^{\wedge}(2/3) - 1536 + 2520 * i)/(1196 - 1908 * i + 12 * (808944 + 27246 * i)^{\wedge}(1/2))^{\wedge}(1/3))^{\wedge}(1/2) + 1/12 * 6^{\wedge}(1/2) * ((-5 * (1196 - 1908 * i + 12 * (808944 + 27246 * i)^{\wedge}(1/2))^{\wedge}(1/3) * (-(15 * (1196 - 1908 * i + 12 * (808944 + 27246 * i)^{\wedge}(1/2))^{\wedge}(1/3) - 6 * (1196 - 1908 * i + 12 * (808944 + 27246 * i)^{\wedge}(1/2))^{\wedge}(2/3) - 1536 + 2520 * i)/(1196 - 1908 * i + 12 * (808944 + 27246 * i)^{\wedge}(1/2))^{\wedge}(1/3))^{\wedge}(1/2) - (-(15 * (1196 - 1908 * i + 12 * (808944 + 27246 * i)^{\wedge}(1/2))^{\wedge}(1/3) - 6 * (1196 - 1908 * i + 12 * (808944 + 27246 * i)^{\wedge}(1/2))^{\wedge}(2/3) - 1536 + 2520 * i)/(1196 - 1908 * i + 12 * (808944 + 27246 * i)^{\wedge}(1/2))^{\wedge}(1/3))^{\wedge}(1/2) * (1196 - 1908 * i + 12 * (808944 + 27246 * i)^{\wedge}(1/2))^{\wedge}(2/3) - 256 * (-(15 * (1196 - 1908 * i + 12 * (808944 + 27246 * i)^{\wedge}(1/2))^{\wedge}(1/3) - 6 * (1196 - 1908 * i + 12 * (808944 + 27246 * i)^{\wedge}(1/2))^{\wedge}(2/3) - 1536 + 2520 * i)/(1196 - 1908 * i + 12 * (808944 + 27246 * i)^{\wedge}(1/2))^{\wedge}(1/3))^{\wedge}(1/2) + 420 * i * (-(15 * (1196 - 1908 * i + 12 * (808944 + 27246 * i)^{\wedge}(1/2))^{\wedge}(1/3) - 6 * (1196 - 1908 * i + 12 * (808944 + 27246 * i)^{\wedge}(1/2))^{\wedge}(2/3) - 1536 + 2520 * i)/(1196 - 1908 * i + 12 * (808944 + 27246 * i)^{\wedge}(1/2))^{\wedge}(1/3))^{\wedge}(1/2) - 387 * (1196 - 1908 * i + 12 * (808944 + 27246 * i)^{\wedge}(1/2))^{\wedge}(1/3) + 216 * i * (1196 - 1908 * i + 12 * (808944 + 27246 * i)^{\wedge}(1/2))^{\wedge}(1/3))/(1196 - 1908 * i + 12 * (808944 + 27246 * i)^{\wedge}(1/2))^{\wedge}(1/3)/(-(15 * (1196 - 1908 * i + 12 * (808944 + 27246 * i)^{\wedge}(1/2))^{\wedge}(1/3) - 6 * (1196 - 1908 * i + 12 * (808944 + 27246 * i)^{\wedge}(1/2))^{\wedge}(2/3) - 1536 + 2520 * i)/(1196 - 1908 * i + 12 * (808944 + 27246 * i)^{\wedge}(1/2))^{\wedge}(1/3))^{\wedge}(1/2))^{\wedge}(1/2)$

$-1/4 - 1/12 * (-(15 * (1196 - 1908 * i + 12 * (808944 + 27246 * i)^{\wedge}(1/2))^{\wedge}(1/3) - 6 * (1196 - 1908 * i + 12 * (808944 + 27246 * i)^{\wedge}(1/2))^{\wedge}(2/3) - 1536 + 2520 * i)/(1196 - 1908 * i + 12 * (808944 + 27246 * i)^{\wedge}(1/2))^{\wedge}(1/3))^{\wedge}(1/2) - 1/12 * 6^{\wedge}(1/2) * ((-5 * (1196 - 1908 * i + 12 * (808944 + 27246 * i)^{\wedge}(1/2))^{\wedge}(1/3) * (-(15 * (1196 - 1908 * i + 12 * (808944 + 27246 * i)^{\wedge}(1/2))^{\wedge}(1/3) - 6 * (1196 - 1908 * i + 12 * (808944 + 27246 * i)^{\wedge}(1/2))^{\wedge}(2/3) - 1536 + 2520 * i)/(1196 - 1908 * i + 12 * (808944 + 27246 * i)^{\wedge}(1/2))^{\wedge}(1/3))^{\wedge}(1/2) - (-(15 * (1196 - 1908 * i + 12 * (808944 + 27246 * i)^{\wedge}(1/2))^{\wedge}(1/3) - 6 * (1196 - 1908 * i + 12 * (808944 + 27246 * i)^{\wedge}(1/2))^{\wedge}(2/3) - 1536 + 2520 * i)/(1196 - 1908 * i + 12 * (808944 + 27246 * i)^{\wedge}(1/2))^{\wedge}(1/3))^{\wedge}(1/2) * (1196 - 1908 * i + 12 * (808944 + 27246 * i)^{\wedge}(1/2))^{\wedge}(2/3) - 256 * (-(15 * (1196 - 1908 * i + 12 * (808944 + 27246 * i)^{\wedge}(1/2))^{\wedge}(1/3) - 6 * (1196 - 1908 * i + 12 * (808944 + 27246 * i)^{\wedge}(1/2))^{\wedge}(2/3) - 1536 + 2520 * i)/(1196 - 1908 * i + 12 * (808944 + 27246 * i)^{\wedge}(1/2))^{\wedge}(1/3))^{\wedge}(1/2) + 420 * i * (-(15 * (1196 - 1908 * i + 12 * (808944 + 27246 * i)^{\wedge}(1/2))^{\wedge}(1/3) - 6 * (1196 - 1908 * i + 12 * (808944 + 27246 * i)^{\wedge}(1/2))^{\wedge}(2/3) - 1536 + 2520 * i)/(1196 - 1908 * i + 12 * (808944 + 27246 * i)^{\wedge}(1/2))^{\wedge}(1/3))^{\wedge}(1/2) - 387 * (1196 - 1908 * i + 12 * (808944 + 27246 * i)^{\wedge}(1/2))^{\wedge}(1/3) + 216 * i * (1196 - 1908 * i + 12 * (808944 + 27246 * i)^{\wedge}(1/2))^{\wedge}(1/3))/(1196 - 1908 * i + 12 * (808944 + 27246 * i)$

^(1/2))^(1/3)/(− (15 ∗ (1196 − 1908 ∗ i + 12 ∗ (808944 + 27246 ∗ i)^(1/2))^(1/3) − 6 ∗ (1196 − 1908 ∗ i + 12 ∗ (808944 + 27246 ∗ i)^(1/2))^(2/3) − 1536 + 2520 ∗ i)/(1196 − 1908 ∗ i + 12 ∗ (808944 + 27246 ∗ i)^(1/2))^(1/3))^(1/2))^(1/2)

```
>> eval(p)
ans =
    1.2774 + 0.4321i
    0.6372 − 1.0820i
   − 1.1420 + 2.0447i
   − 1.7726 − 1.3948i
```

以上"p＝"后面的连续 4 块长表达式就是原方程的 4 个解析解,因不直观,通过"eval" 命令,将其转换为数值解。

所以,原方程的数值解为

$$\begin{cases} z_1 = 1.28 + 0.43\mathrm{i} \\ z_2 = 0.64 - 1.08\mathrm{i} \\ z_3 = -1.14 + 2.04\mathrm{i} \\ z_4 = -1.77 - 1.39\mathrm{i} \end{cases}$$

【例 7.38】　解复系数一元四次方程 $(1+\mathrm{i})z^4 + (2-3\mathrm{i})z^3 + 2\mathrm{i}z^2 + (5+2\mathrm{i})z + 2 + 3\mathrm{i} = 0$。

解:

```
>> syms p;
>> p = solve('(1 + i) ∗ z^4 + (2 − 3 ∗ i) ∗ z^3 + 2 ∗ i ∗ z^2 + (5 + 2 ∗ i) ∗ z + 2 + 3 ∗ i = 0')
p =
1/8 + 5/8 ∗ i + 1/24 ∗ ( − (312 ∗ ( − 1357 − 1145 ∗ i + 3 ∗ (359760 − 897798 ∗ i)^(1/2))^(1/3) + 6 ∗
i ∗ ( − 1357 − 1145 ∗ i + 3 ∗ (359760 − 897798 ∗ i)^(1/2))^(1/3) − 24 ∗ ( − 1357 − 1145 ∗ i + 3 ∗
(359760 − 897798 ∗ i)^(1/2))^(2/3) − 4464 − 3072 ∗ i)/( − 1357 − 1145 ∗ i + 3 ∗ (359760 − 897798 ∗
i)^(1/2))^(1/3))^(1/2) + 1/12 ∗ ( − (156 ∗ ( − 1357 − 1145 ∗ i + 3 ∗ (359760 − 897798 ∗ i)^(1/2))
^(1/3) ∗ ( − (312 ∗ ( − 1357 − 1145 ∗ i + 3 ∗ (359760 − 897798 ∗ i)^(1/2))^(1/3) + 6 ∗ i ∗ ( − 1357
 − 1145 ∗ i + 3 ∗ (359760 − 897798 ∗ i)^(1/2))^(1/3) − 24 ∗ ( − 1357 − 1145 ∗ i + 3 ∗ (359760 − 897798
∗ i)^(1/2))^(2/3) − 4464 − 3072 ∗ i)/( − 1357 − 1145 ∗ i + 3 ∗ (359760 − 897798 ∗ i)^(1/2))^(1/
3))^(1/2) + 3 ∗ i ∗ ( − 1357 − 1145 ∗ i + 3 ∗ (359760 − 897798 ∗ i)^(1/2))^(1/3) ∗ ( − (312 ∗ ( −
1357 − 1145 ∗ i + 3 ∗ (359760 − 897798 ∗ i)^(1/2))^(1/3) + 6 ∗ i ∗ ( − 1357 − 1145 ∗ i + 3 ∗ (359760
 − 897798 ∗ i)^(1/2))^(1/3) − 24 ∗ ( − 1357 − 1145 ∗ i + 3 ∗ (359760 − 897798 ∗ i)^(1/2))^(2/3) −
4464 − 3072 ∗ i)/( − 1357 − 1145 ∗ i + 3 ∗ (359760 − 897798 ∗ i)^(1/2))^(1/3))^(1/2) + 6 ∗ ( − (312 ∗
( − 1357 − 1145 ∗ i + 3 ∗ (359760 − 897798 ∗ i)^(1/2))^(1/3) + 6 ∗ i ∗ ( − 1357 − 1145 ∗ i + 3 ∗
(359760 − 897798 ∗ i)^(1/2))^(1/3) − 24 ∗ ( − 1357 − 1145 ∗ i + 3 ∗ (359760 − 897798 ∗ i)^(1/2))^
(2/3) − 4464 − 3072 ∗ i)/( − 1357 − 1145 ∗ i + 3 ∗ (359760 − 897798 ∗ i)^(1/2))^(1/3))^(1/2) ∗
( − 1357 − 1145 ∗ i + 3 ∗ (359760 − 897798 ∗ i)^(1/2))^(2/3) + 1116 ∗ ( − (312 ∗ ( − 1357 − 1145 ∗ i +
3 ∗ (359760 − 897798 ∗ i)^(1/2))^(1/3) + 6 ∗ i ∗ ( − 1357 − 1145 ∗ i + 3 ∗ (359760 − 897798 ∗ i)^(1/
2))^(1/3) − 24 ∗ ( − 1357 − 1145 ∗ i + 3 ∗ (359760 − 897798 ∗ i)^(1/2))^(2/3) − 4464 − 3072 ∗ i)/
( − 1357 − 1145 ∗ i + 3 ∗ (359760 − 897798 ∗ i)^(1/2))^(1/3))^(1/2) + 768 ∗ i ∗ ( − (312 ∗ ( − 1357
 − 1145 ∗ i + 3 ∗ (359760 − 897798 ∗ i)^(1/2))^(1/3) + 6 ∗ i ∗ ( − 1357 − 1145 ∗ i + 3 ∗ (359760 −
897798 ∗ i)^(1/2))^(1/3) − 24 ∗ ( − 1357 − 1145 ∗ i + 3 ∗ (359760 − 897798 ∗ i)^(1/2))^(2/3) −
4464 − 3072 ∗ i)/( − 1357 − 1145 ∗ i + 3 ∗ (359760 − 897798 ∗ i)^(1/2))^(1/3))^(1/2) + 3159 ∗ ( −
1357 − 1145 ∗ i + 3 ∗ (359760 − 897798 ∗ i)^(1/2))^(1/3) + 1485 ∗ i ∗ ( − 1357 − 1145 ∗ i + 3 ∗
(359760 − 897798 ∗ i)^(1/2))^(1/3))/( − 1357 − 1145 ∗ i + 3 ∗ (359760 − 897798 ∗ i)^(1/2))^(1/
3)/( − (312 ∗ ( − 1357 − 1145 ∗ i + 3 ∗ (359760 − 897798 ∗ i)^(1/2))^(1/3) + 6 ∗ i ∗ ( − 1357 − 1145 ∗
i + 3 ∗ (359760 − 897798 ∗ i)^(1/2))^(1/3) − 24 ∗ ( − 1357 − 1145 ∗ i + 3 ∗ (359760 − 897798 ∗ i)^
```

$(1/2))^{(2/3)} - 4464 - 3072 * i)/(- 1357 - 1145 * i + 3 * (359760 - 897798 * i)^{(1/2)})^{(1/3)})^{(1/2)})^{(1/2)}$

$1/8 + 5/8 * i + 1/24 * (- (312 * (- 1357 - 1145 * i + 3 * (359760 - 897798 * i)^{(1/2)})^{(1/3)} + 6 * i * (- 1357 - 1145 * i + 3 * (359760 - 897798 * i)^{(1/2)})^{(1/3)} - 24 * (- 1357 - 1145 * i + 3 * (359760 - 897798 * i)^{(1/2)})^{(2/3)} - 4464 - 3072 * i)/(- 1357 - 1145 * i + 3 * (359760 - 897798 * i)^{(1/2)})^{(1/3)})^{(1/2)} - 1/12 * (- (156 * (- 1357 - 1145 * i + 3 * (359760 - 897798 * i)^{(1/2)})^{(1/3)} * (- (312 * (- 1357 - 1145 * i + 3 * (359760 - 897798 * i)^{(1/2)})^{(1/3)} + 6 * i * (- 1357 - 1145 * i + 3 * (359760 - 897798 * i)^{(1/2)})^{(1/3)} - 24 * (- 1357 - 1145 * i + 3 * (359760 - 897798 * i)^{(1/2)})^{(2/3)} - 4464 - 3072 * i)/(- 1357 - 1145 * i + 3 * (359760 - 897798 * i)^{(1/2)})^{(1/3)})^{(1/2)} + 3 * i * (- 1357 - 1145 * i + 3 * (359760 - 897798 * i)^{(1/2)})^{(1/3)} * (- (312 * (- 1357 - 1145 * i + 3 * (359760 - 897798 * i)^{(1/2)})^{(1/3)} + 6 * i * (- 1357 - 1145 * i + 3 * (359760 - 897798 * i)^{(1/2)})^{(1/3)} - 24 * (- 1357 - 1145 * i + 3 * (359760 - 897798 * i)^{(1/2)})^{(2/3)} - 4464 - 3072 * i)/(- 1357 - 1145 * i + 3 * (359760 - 897798 * i)^{(1/2)})^{(1/3)})^{(1/2)} + 6 * (- (312 * (- 1357 - 1145 * i + 3 * (359760 - 897798 * i)^{(1/2)})^{(1/3)} + 6 * i * (- 1357 - 1145 * i + 3 * (359760 - 897798 * i)^{(1/2)})^{(1/3)} - 24 * (- 1357 - 1145 * i + 3 * (359760 - 897798 * i)^{(1/2)})^{(2/3)} - 4464 - 3072 * i)/(- 1357 - 1145 * i + 3 * (359760 - 897798 * i)^{(1/2)})^{(1/3)})^{(1/2)} * (- 1357 - 1145 * i + 3 * (359760 - 897798 * i)^{(1/2)})^{(2/3)} + 1116 * (- (312 * (- 1357 - 1145 * i + 3 * (359760 - 897798 * i)^{(1/2)})^{(1/3)} + 6 * i * (- 1357 - 1145 * i + 3 * (359760 - 897798 * i)^{(1/2)})^{(1/3)} - 24 * (- 1357 - 1145 * i + 3 * (359760 - 897798 * i)^{(1/2)})^{(2/3)} - 4464 - 3072 * i)/(- 1357 - 1145 * i + 3 * (359760 - 897798 * i)^{(1/2)})^{(1/3)})^{(1/2)} + 768 * i * (- (312 * (- 1357 - 1145 * i + 3 * (359760 - 897798 * i)^{(1/2)})^{(1/3)} + 6 * i * (- 1357 - 1145 * i + 3 * (359760 - 897798 * i)^{(1/2)})^{(1/3)} - 24 * (- 1357 - 1145 * i + 3 * (359760 - 897798 * i)^{(1/2)})^{(2/3)} - 4464 - 3072 * i)/(- 1357 - 1145 * i + 3 * (359760 - 897798 * i)^{(1/2)})^{(1/3)})^{(1/2)} + 3159 * (- 1357 - 1145 * i + 3 * (359760 - 897798 * i)^{(1/2)})^{(1/3)} + 1485 * i * (- 1357 - 1145 * i + 3 * (359760 - 897798 * i)^{(1/2)})^{(1/3)})/(- 1357 - 1145 * i + 3 * (359760 - 897798 * i)^{(1/2)})^{(1/3)}/(- (312 * (- 1357 - 1145 * i + 3 * (359760 - 897798 * i)^{(1/2)})^{(1/3)} + 6 * i * (- 1357 - 1145 * i + 3 * (359760 - 897798 * i)^{(1/2)})^{(1/3)} - 24 * (- 1357 - 1145 * i + 3 * (359760 - 897798 * i)^{(1/2)})^{(2/3)} - 4464 - 3072 * i)/(- 1357 - 1145 * i + 3 * (359760 - 897798 * i)^{(1/2)})^{(1/3)})^{(1/2)})^{(1/2)}$

$1/8 + 5/8 * i - 1/24 * (- (312 * (- 1357 - 1145 * i + 3 * (359760 - 897798 * i)^{(1/2)})^{(1/3)} + 6 * i * (- 1357 - 1145 * i + 3 * (359760 - 897798 * i)^{(1/2)})^{(1/3)} - 24 * (- 1357 - 1145 * i + 3 * (359760 - 897798 * i)^{(1/2)})^{(2/3)} - 4464 - 3072 * i)/(- 1357 - 1145 * i + 3 * (359760 - 897798 * i)^{(1/2)})^{(1/3)})^{(1/2)} + 1/12 * (- (156 * (- 1357 - 1145 * i + 3 * (359760 - 897798 * i)^{(1/2)})^{(1/3)} * (- (312 * (- 1357 - 1145 * i + 3 * (359760 - 897798 * i)^{(1/2)})^{(1/3)} + 6 * i * (- 1357 - 1145 * i + 3 * (359760 - 897798 * i)^{(1/2)})^{(1/3)} - 24 * (- 1357 - 1145 * i + 3 * (359760 - 897798 * i)^{(1/2)})^{(2/3)} - 4464 - 3072 * i)/(- 1357 - 1145 * i + 3 * (359760 - 897798 * i)^{(1/2)})^{(1/3)})^{(1/2)} + 3 * i * (- 1357 - 1145 * i + 3 * (359760 - 897798 * i)^{(1/2)})^{(1/3)} * (- (312 * (- 1357 - 1145 * i + 3 * (359760 - 897798 * i)^{(1/2)})^{(1/3)} + 6 * i * (- 1357 - 1145 * i + 3 * (359760 - 897798 * i)^{(1/2)})^{(1/3)} - 24 * (- 1357 - 1145 * i + 3 * (359760 - 897798 * i)^{(1/2)})^{(2/3)} - 4464 - 3072 * i)/(- 1357 - 1145 * i + 3 * (359760 - 897798 * i)^{(1/2)})^{(1/3)})^{(1/2)} + 6 * (- (312 * (- 1357 - 1145 * i + 3 * (359760 - 897798 * i)^{(1/2)})^{(1/3)} + 6 * i * (- 1357 - 1145 * i + 3 * (359760 - 897798 * i)^{(1/2)})^{(1/3)} - 24 * (- 1357 - 1145 * i + 3 * (359760 - 897798 * i)^{(1/2)})^{(2/3)} - 4464 - 3072 * i)/(- 1357 - 1145 * i + 3 * (359760 - 897798 * i)^{(1/2)})^{(1/3)})^{(1/2)} * (- 1357 - 1145 * i + 3 * (359760 - 897798 * i)^{(1/2)})^{(2/3)} + 1116 * (- (312 * (- 1357 - 1145 * i + 3 * (359760 - 897798 * i)^{(1/2)})^{(1/3)} + 6 * i * (- 1357 - 1145 * i + 3 * (359760 - 897798 * i)^{(1/2)})^{(1/3)} - 24 * (- 1357 - 1145 * i + 3 * (359760 - 897798 * i)^{(1/2)})^{(2/3)} - 4464 - 3072 * i)/(- 1357 - 1145 * i + 3 * (359760 - 897798 * i)^{(1/2)})^{(1/3)})^{(1/2)} + 768 * i * (- (312 * (- 1357 - 1145 * i + 3 * (359760 - 897798 * i)^{(1/2)})^{(1/3)} + 6 * i * (- 1357 - 1145 * i + 3 * (359760 - 897798 * i)^{(1/2)})^{(1/3)} - 24 * (- 1357 - 1145 * i + 3 * (359760 - 897798 * i)^{(1/2)})^{(2/3)} -$

4464 − 3072 ∗ i)/(−1357 − 1145 ∗ i + 3 ∗ (359760 − 897798 ∗ i)^(1/2))^(1/3))^(1/2) − 3159 ∗ (−1357 − 1145 ∗ i + 3 ∗ (359760 − 897798 ∗ i)^(1/2))^(1/3) − 1485 ∗ i ∗ (−1357 − 1145 ∗ i + 3 ∗ (359760 − 897798 ∗ i)^(1/2))^(1/3))/(−1357 − 1145 ∗ i + 3 ∗ (359760 − 897798 ∗ i)^(1/2))^(1/3)/(−(312 ∗ (−1357 − 1145 ∗ i + 3 ∗ (359760 − 897798 ∗ i)^(1/2))^(1/3) + 6 ∗ i ∗ (−1357 − 1145 ∗ i + 3 ∗ (359760 − 897798 ∗ i)^(1/2))^(1/3) − 24 ∗ (−1357 − 1145 ∗ i + 3 ∗ (359760 − 897798 ∗ i)^(1/2))^(2/3) − 4464 − 3072 ∗ i)/(−1357 − 1145 ∗ i + 3 ∗ (359760 − 897798 ∗ i)^(1/2))^(1/3))^(1/2))^(1/2)

1/8 + 5/8 ∗ i − 1/24 ∗ (−(312 ∗ (−1357 − 1145 ∗ i + 3 ∗ (359760 − 897798 ∗ i)^(1/2))^(1/3) + 6 ∗ i ∗ (−1357 − 1145 ∗ i + 3 ∗ (359760 − 897798 ∗ i)^(1/2))^(1/3) − 24 ∗ (−1357 − 1145 ∗ i + 3 ∗ (359760 − 897798 ∗ i)^(1/2))^(2/3) − 4464 − 3072 ∗ i)/(−1357 − 1145 ∗ i + 3 ∗ (359760 − 897798 ∗ i)^(1/2))^(1/3))^(1/2) − 1/12 ∗ (−(156 ∗ (−1357 − 1145 ∗ i + 3 ∗ (359760 − 897798 ∗ i)^(1/2))^(1/3) ∗ (−(312 ∗ (−1357 − 1145 ∗ i + 3 ∗ (359760 − 897798 ∗ i)^(1/2))^(1/3) + 6 ∗ i ∗ (−1357 − 1145 ∗ i + 3 ∗ (359760 − 897798 ∗ i)^(1/2))^(1/3) − 24 ∗ (−1357 − 1145 ∗ i + 3 ∗ (359760 − 897798 ∗ i)^(1/2))^(2/3) − 4464 − 3072 ∗ i)/(−1357 − 1145 ∗ i + 3 ∗ (359760 − 897798 ∗ i)^(1/2))^(1/3))^(1/2) + 3 ∗ i ∗ (−1357 − 1145 ∗ i + 3 ∗ (359760 − 897798 ∗ i)^(1/2))^(1/3) ∗ (−(312 ∗ (−1357 − 1145 ∗ i + 3 ∗ (359760 − 897798 ∗ i)^(1/2))^(1/3) + 6 ∗ i ∗ (−1357 − 1145 ∗ i + 3 ∗ (359760 − 897798 ∗ i)^(1/2))^(1/3) − 24 ∗ (−1357 − 1145 ∗ i + 3 ∗ (359760 − 897798 ∗ i)^(1/2))^(2/3) − 4464 − 3072 ∗ i)/(−1357 − 1145 ∗ i + 3 ∗ (359760 − 897798 ∗ i)^(1/2))^(1/3))^(1/2) + 6 ∗ (−(312 ∗ (−1357 − 1145 ∗ i + 3 ∗ (359760 − 897798 ∗ i)^(1/2))^(1/3) + 6 ∗ i ∗ (−1357 − 1145 ∗ i + 3 ∗ (359760 − 897798 ∗ i)^(1/2))^(1/3) − 24 ∗ (−1357 − 1145 ∗ i + 3 ∗ (359760 − 897798 ∗ i)^(1/2))^(2/3) − 4464 − 3072 ∗ i)/(−1357 − 1145 ∗ i + 3 ∗ (359760 − 897798 ∗ i)^(1/2))^(1/3))^(1/2) ∗ (−1357 − 1145 ∗ i + 3 ∗ (359760 − 897798 ∗ i)^(1/2))^(2/3) + 1116 ∗ (−(312 ∗ (−1357 − 1145 ∗ i + 3 ∗ (359760 − 897798 ∗ i)^(1/2))^(1/3) + 6 ∗ i ∗ (−1357 − 1145 ∗ i + 3 ∗ (359760 − 897798 ∗ i)^(1/2))^(1/3) − 24 ∗ (−1357 − 1145 ∗ i + 3 ∗ (359760 − 897798 ∗ i)^(1/2))^(2/3) − 4464 − 3072 ∗ i)/(−1357 − 1145 ∗ i + 3 ∗ (359760 − 897798 ∗ i)^(1/2))^(1/3))^(1/2) + 768 ∗ i ∗ (−(312 ∗ (−1357 − 1145 ∗ i + 3 ∗ (359760 − 897798 ∗ i)^(1/2))^(1/3) + 6 ∗ i ∗ (−1357 − 1145 ∗ i + 3 ∗ (359760 − 897798 ∗ i)^(1/2))^(1/3) − 24 ∗ (−1357 − 1145 ∗ i + 3 ∗ (359760 − 897798 ∗ i)^(1/2))^(2/3) − 4464 − 3072 ∗ i)/(−1357 − 1145 ∗ i + 3 ∗ (359760 − 897798 ∗ i)^(1/2))^(1/3))^(1/2) − 3159 ∗ (−1357 − 1145 ∗ i + 3 ∗ (359760 − 897798 ∗ i)^(1/2))^(1/3) − 1485 ∗ i ∗ (−1357 − 1145 ∗ i + 3 ∗ (359760 − 897798 ∗ i)^(1/2))^(1/3))/(−1357 − 1145 ∗ i + 3 ∗ (359760 − 897798 ∗ i)^(1/2))^(1/3)/(−(312 ∗ (−1357 − 1145 ∗ i + 3 ∗ (359760 − 897798 ∗ i)^(1/2))^(1/3) + 6 ∗ i ∗ (−1357 − 1145 ∗ i + 3 ∗ (359760 − 897798 ∗ i)^(1/2))^(1/3) − 24 ∗ (−1357 − 1145 ∗ i + 3 ∗ (359760 − 897798 ∗ i)^(1/2))^(2/3) − 4464 − 3072 ∗ i)/(−1357 − 1145 ∗ i + 3 ∗ (359760 − 897798 ∗ i)^(1/2))^(1/3))^(1/2))^(1/2)

```
>> eval(p)
ans =
     0.8975 − 1.0004i
     0.6462 + 2.7223i
    − 0.3830 − 0.3498i
    − 0.6606 + 1.1279i
```

以上"p＝"后面的连续 4 块长表达式就是原方程的 4 个解析解,因不直观,通过"eval"命令,将其转换为数值解。

所以,原方程的数值解为

$$\begin{cases} z_1 = 0.90 - 1.00\mathrm{i} \\ z_2 = 0.64 + 2.72\mathrm{i} \\ z_3 = -0.38 - 0.35\mathrm{i} \\ z_4 = -0.66 + 1.13\mathrm{i} \end{cases}$$

【例7.39】 解复系数一元四次方程 $z^4 - z^2 + 4z - \mathrm{i} = 0$。

解:

```
>> syms p;
>> p = solve('z^4 - z^2 + 4*z - i = 0')
p =
1/6*(-(-6*(215-36*i+18*(140-53*i)^(1/2))^(1/3)-3*(215-36*i+18*(140-
53*i)^(1/2))^(2/3)-3+36*i)/(215-36*i+18*(140-53*i)^(1/2))^(1/3))^(1/2)+1/6
*3^(1/2)*((4*(215-36*i+18*(140-53*i)^(1/2))^(1/3)*(-(-6*(215-36*i+18
*(140-53*i)^(1/2))^(1/3)-3*(215-36*i+18*(140-53*i)^(1/2))^(2/3)-3+36*i)/
(215-36*i+18*(140-53*i)^(1/2))^(1/3))^(1/2)-(-(-6*(215-36*i+18*(140-
53*i)^(1/2))^(1/3)-3*(215-36*i+18*(140-53*i)^(1/2))^(2/3)-3+36*i)/(215-
36*i+18*(140-53*i)^(1/2))^(1/3))^(1/2)*(215-36*i+18*(140-53*i)^(1/2))^(2/3)
-(-(-6*(215-36*i+18*(140-53*i)^(1/2))^(1/3)-3*(215-36*i+18*(140-53*
i)^(1/2))^(2/3)-3+36*i)/(215-36*i+18*(140-53*i)^(1/2))^(1/3))^(1/2)+12*i*
(-(-6*(215-36*i+18*(140-53*i)^(1/2))^(1/3)-3*(215-36*i+18*(140-53*i)^
(1/2))^(2/3)-3+36*i)/(215-36*i+18*(140-53*i)^(1/2))^(1/3))^(1/2)-72*(215-
36*i+18*(140-53*i)^(1/2))^(1/3))/(215-36*i+18*(140-53*i)^(1/2))^(1/3)/(-
(-6*(215-36*i+18*(140-53*i)^(1/2))^(1/3)-3*(215-36*i+18*(140-53*i)^(1/
2))^(2/3)-3+36*i)/(215-36*i+18*(140-53*i)^(1/2))^(1/3))^(1/2))^(1/2)

1/6*(-(-6*(215-36*i+18*(140-53*i)^(1/2))^(1/3)-3*(215-36*i+18*(140-
53*i)^(1/2))^(2/3)-3+36*i)/(215-36*i+18*(140-53*i)^(1/2))^(1/3))^(1/2)-1/6
*3^(1/2)*((4*(215-36*i+18*(140-53*i)^(1/2))^(1/3)*(-(-6*(215-36*i+18
*(140-53*i)^(1/2))^(1/3)-3*(215-36*i+18*(140-53*i)^(1/2))^(2/3)-3+36*i)/
(215-36*i+18*(140-53*i)^(1/2))^(1/3))^(1/2)-(-(-6*(215-36*i+18*(140-
53*i)^(1/2))^(1/3)-3*(215-36*i+18*(140-53*i)^(1/2))^(2/3)-3+36*i)/(215-
36*i+18*(140-53*i)^(1/2))^(1/3))^(1/2)*(215-36*i+18*(140-53*i)^(1/2))^(2/3)
-(-(-6*(215-36*i+18*(140-53*i)^(1/2))^(1/3)-3*(215-36*i+18*(140-53*
i)^(1/2))^(2/3)-3+36*i)/(215-36*i+18*(140-53*i)^(1/2))^(1/3))^(1/2)+12*i*
(-(-6*(215-36*i+18*(140-53*i)^(1/2))^(1/3)-3*(215-36*i+18*(140-53*i)^
(1/2))^(2/3)-3+36*i)/(215-36*i+18*(140-53*i)^(1/2))^(1/3))^(1/2)-72*(215-
36*i+18*(140-53*i)^(1/2))^(1/3))/(215-36*i+18*(140-53*i)^(1/2))^(1/3)/(-
(-6*(215-36*i+18*(140-53*i)^(1/2))^(1/3)-3*(215-36*i+18*(140-53*i)^(1/
2))^(2/3)-3+36*i)/(215-36*i+18*(140-53*i)^(1/2))^(1/3))^(1/2))^(1/2)

-1/6*(-(-6*(215-36*i+18*(140-53*i)^(1/2))^(1/3)-3*(215-36*i+18*(140-
53*i)^(1/2))^(2/3)-3+36*i)/(215-36*i+18*(140-53*i)^(1/2))^(1/3))^(1/2)+1/6
*3^(1/2)*((4*(215-36*i+18*(140-53*i)^(1/2))^(1/3)*(-(-6*(215-36*i+18
*(140-53*i)^(1/2))^(1/3)-3*(215-36*i+18*(140-53*i)^(1/2))^(2/3)-3+36*i)/
(215-36*i+18*(140-53*i)^(1/2))^(1/3))^(1/2)-(-(-6*(215-36*i+18*(140-
53*i)^(1/2))^(1/3)-3*(215-36*i+18*(140-53*i)^(1/2))^(2/3)-3+36*i)/(215-
36*i+18*(140-53*i)^(1/2))^(1/3))^(1/2)*(215-36*i+18*(140-53*i)^(1/2))^(2/3)
-(-(-6*(215-36*i+18*(140-53*i)^(1/2))^(1/3)-3*(215-36*i+18*(140-53*
i)^(1/2))^(2/3)-3+36*i)/(215-36*i+18*(140-53*i)^(1/2))^(1/3))^(1/2)+12*i*
(-(-6*(215-36*i+18*(140-53*i)^(1/2))^(1/3)-3*(215-36*i+18*(140-53*i)^
(1/2))^(2/3)-3+36*i)/(215-36*i+18*(140-53*i)^(1/2))^(1/3))^(1/2)+72*(215-
36*i+18*(140-53*i)^(1/2))^(1/3))/(215-36*i+18*(140-53*i)^(1/2))^(1/3)/(-
(-6*(215-36*i+18*(140-53*i)^(1/2))^(1/3)-3*(215-36*i+18*(140-53*i)^(1/
2))^(2/3)-3+36*i)/(215-36*i+18*(140-53*i)^(1/2))^(1/3))^(1/2))^(1/2)
```

$-1/6*(-(-6*(215-36*i+18*(140-53*i)^{(1/2)})^{(1/3)}-3*(215-36*i+18*(140-53*i)^{(1/2)})^{(2/3)}-3+36*i)/(215-36*i+18*(140-53*i)^{(1/2)})^{(1/3)})^{(1/2)}-1/6*3^{(1/2)}*((4*(215-36*i+18*(140-53*i)^{(1/2)})^{(1/3)}*(-(-6*(215-36*i+18*(140-53*i)^{(1/2)})^{(1/3)}-3*(215-36*i+18*(140-53*i)^{(1/2)})^{(2/3)}-3+36*i)/(215-36*i+18*(140-53*i)^{(1/2)})^{(1/3)})^{(1/2)}-(-(-6*(215-36*i+18*(140-53*i)^{(1/2)})^{(1/3)}-3*(215-36*i+18*(140-53*i)^{(1/2)})^{(2/3)}-3+36*i)/(215-36*i+18*(140-53*i)^{(1/2)})^{(1/3)})^{(1/2)}*(215-36*i+18*(140-53*i)^{(1/2)})^{(2/3)}-(-(-6*(215-36*i+18*(140-53*i)^{(1/2)})^{(1/3)}-3*(215-36*i+18*(140-53*i)^{(1/2)})^{(2/3)}-3+36*i)/(215-36*i+18*(140-53*i)^{(1/2)})^{(1/3)})^{(1/2)}+12*i*(-(-6*(215-36*i+18*(140-53*i)^{(1/2)})^{(1/3)}-3*(215-36*i+18*(140-53*i)^{(1/2)})^{(2/3)}-3+36*i)/(215-36*i+18*(140-53*i)^{(1/2)})^{(1/3)})^{(1/2)}+72*(215-36*i+18*(140-53*i)^{(1/2)})^{(1/3)})/(215-36*i+18*(140-53*i)^{(1/2)})^{(1/3)}/(-(-6*(215-36*i+18*(140-53*i)^{(1/2)})^{(1/3)}-3*(215-36*i+18*(140-53*i)^{(1/2)})^{(2/3)}-3+36*i)/(215-36*i+18*(140-53*i)^{(1/2)})^{(1/3)})^{(1/2)})^{(1/2)}$

```
>> eval(p)
ans =
   0.9326 + 1.0941i
   0.8846 - 1.2783i
  - 0.0162 + 0.2477i
  - 1.8011 - 0.0635i
```

以上"p="后面的连续 4 块长表达式就是原方程的 4 个解析解,因不直观,通过"eval"命令,将其转换为数值解。

所以,原方程的数值解为

$$\begin{cases} z_1 = 0.93 + 1.09i \\ z_2 = 0.88 - 1.28i \\ z_3 = -0.02 + 0.25i \\ z_4 = -1.80 - 0.06i \end{cases}$$

7.9 小结

本章用 MATLAB 编程解决了实系数和复系数的一元一次方程、一元二次方程、一元三次方程和一元四次方程的求解问题。所用的 MATLAB 命令为"solve",因为表示方程解的解析式大多比较复杂,使用"eval"命令,将其简化为最简的数值形式。

第8章

解一元N次方程(下)

阿贝尔定理:五次以及更高次的代数方程没有一般的代数解法(即由方程的系数经有限次四则运算和开方运算求根的方法)。

五次以及五次以上的代数方程一般没有解析解,而只有数值解或近似解,只有个别的五次以及五次以上的代数方程才可以求出解析解。例如实系数一元五次方程 $x^5-1=0$,就有解析解。

解五次以及五次以上的代数方程的一般方法是迭代法,以此求出方程的数值解或近似解来。

一元 N(5 次及 5 次以上)次方程因方程的系数可以为实数,也可以为复数,这样一元 N 次方程也可分为两类:一类是实系数一元 N 次方程,另一类是复系数一元 N 次方程。

人们常把次数高于二次的方程,称为高次方程。实系数高次方程的特性是 N 次方程有 N 个根,虚根成对出现,即若 $a+bi$ 是方程的根,则 $a-bi$ 也是方程的根。复系数高次方程的特性也是 N 次方程有 N 个根,虚根却不一定成对出现。

8.1 实系数一元代数方程

迭代法有多种,牛顿迭代法是牛顿在 17 世纪提出的一种在实数域和复数域上近似求解方程的方法。而牛顿下山法是牛顿迭代法的改进型。

在用牛顿下山法求实系数代数方程
$$f(z) = a_n z^n + a_{n-1} z^{n-1} + \cdots + a_1 z + a_0 = 0$$
的全部根时,其迭代格式为
$$z_{i+1} = z_i - tf(z_i)/f'(z_i)$$
选取适当的 t 可以保证有
$$|f(z_{i+1})|^2 < |f(z_i)|^2$$
迭代过程一直做到 $|f(z_i)|^2 < \varepsilon$ 为止。

每当求得一个根 z^* 后,在 $f(z)$ 中劈去因子 $(z-z^*)$,再求另一个根。

以上过程直到求出全部根为止。

8.1.1 求解实系数一元五次方程的根

【例 8.1】 解实系数一元五次方程 $3x^5 + x^4 - 7x^3 + 7x^2 - 2x + 1 = 0$。

解：从命令窗口输入以下内容：

```
>> syms p;
>> p = solve('3 * x^5 + x^4 - 7 * x^3 + 7 * x^2 - 2 * x + 1 = 0')
p =
    .81121147986492918565267364446184 + .52434924883321782321608787279007 * i
    .63565822136474564286979888289348e - 1 + .40924898890270618345300053938560 * i
                                  - 2.0828879373361408332126403988357
    .63565822136474564286979888289348e - 1 - .40924898890270618345300053938560 * i
    .81121147986492918565267364446184 - .52434924883321782321608787279007 * i
>> eval(p)
ans =
    0.8112  + 0.5243i
    0.0636  + 0.4092i
     - 2.0829
    0.0636  - 0.4092i
    0.8112  - 0.5243i
```

以上"p="后面的连续 5 行长表达式就是原方程的 5 个解，因不直观，通过"eval"命令，将其简化。

原方程的 5 个根为

$$\begin{cases} x_0 = 0.8112 + 0.5243\mathrm{i} \\ x_1 = 0.0635 + 0.4092\mathrm{i} \\ x_2 = -2.0829 \\ x_3 = 0.0636 - 0.4092\mathrm{i} \\ x_4 = 0.8112 - 0.5243\mathrm{i} \end{cases}$$

可见，原方程 5 个根中 1 个为实根，4 个为虚根。后者由两对共轭虚数组成。

【例 8.2】 解实系数一元五次方程 $x^5 + 15x + 12 = 0$。

解：

```
>> syms p;
>> p = solve('x^5 + 15 * x + 12 = 0')
p =
1/5 * (5625 + 1800 * 10^(1/2))^(1/5) + 1/5 * (-675 - 225 * 10^(1/2))/(5625 + 1800 * 10^(1/2))^
(3/5) + 1/5 * (-75 - 15 * 10^(1/2))/(5625 + 1800 * 10^(1/2))^(2/5) - 3/(5625 + 1800 * 10^(1/
2))^(1/5)

1/5 * (-1/4 - 1/4 * 5^(1/2) + 1/4 * (-10 + 2 * 5^(1/2))^(1/2)) * (5625 + 1800 * 10^(1/2))^
(1/5) + 1/5 * (-1/4 + 1/4 * 5^(1/2) - 1/8 * (-10 + 2 * 5^(1/2))^(1/2) - 1/8 * (-10 + 2 * 5^(1/
2))^(1/2) * 5^(1/2)) * (-675 - 225 * 10^(1/2))/(5625 + 1800 * 10^(1/2))^(3/5) + 1/5 * (-1/
4 + 1/4 * 5^(1/2) + 1/8 * (-10 + 2 * 5^(1/2))^(1/2) + 1/8 * (-10 + 2 * 5^(1/2))^(1/2) * 5^(1/
2)) * (-75 - 15 * 10^(1/2))/(5625 + 1800 * 10^(1/2))^(2/5) - 3 * (-1/4 - 1/4 * 5^(1/2) - 1/4
 * (-10 + 2 * 5^(1/2))^(1/2))/(5625 + 1800 * 10^(1/2))^(1/5)
```

$1/5*(-1/4+1/4*5\,^{\wedge}(1/2)-1/8*(-10+2*5\,^{\wedge}(1/2))^{\wedge}(1/2)-1/8*(-10+2*5\,^{\wedge}(1/2))^{\wedge}$
$(1/2)*5\,^{\wedge}(1/2))*(5625+1800*10\,^{\wedge}(1/2))^{\wedge}(1/5)+1/5*(-1/4-1/4*5\,^{\wedge}(1/2)-1/4*(-10$
$+2*5\,^{\wedge}(1/2))^{\wedge}(1/2))*(-675-225*10\,^{\wedge}(1/2))/(5625+1800*10\,^{\wedge}(1/2))^{\wedge}(3/5)+1/5*(-1/4$
$-1/4*5\,^{\wedge}(1/2)+1/4*(-10+2*5\,^{\wedge}(1/2))^{\wedge}(1/2))*(-75-15*10\,^{\wedge}(1/2))/(5625+1800*10$
$^{\wedge}(1/2))^{\wedge}(2/5)-3*(-1/4+1/4*5\,^{\wedge}(1/2)+1/8*(-10+2*5\,^{\wedge}(1/2))^{\wedge}(1/2)+1/8*(-10+2$
$*5\,^{\wedge}(1/2))^{\wedge}(1/2)*5\,^{\wedge}(1/2))/(5625+1800*10\,^{\wedge}(1/2))^{\wedge}(1/5)$

$1/5*(-1/4+1/4*5\,^{\wedge}(1/2)+1/8*(-10+2*5\,^{\wedge}(1/2))^{\wedge}(1/2)+1/8*(-10+2*5\,^{\wedge}(1/2))^{\wedge}$
$(1/2)*5\,^{\wedge}(1/2))*(5625+1800*10\,^{\wedge}(1/2))^{\wedge}(1/5)+1/5*(-1/4-1/4*5\,^{\wedge}(1/2)+1/4*(-10$
$+2*5\,^{\wedge}(1/2))^{\wedge}(1/2))*(-675-225*10\,^{\wedge}(1/2))/(5625+1800*10\,^{\wedge}(1/2))^{\wedge}(3/5)+1/5*(-1/4$
$-1/4*5\,^{\wedge}(1/2)-1/4*(-10+2*5\,^{\wedge}(1/2))^{\wedge}(1/2))*(-75-15*10\,^{\wedge}(1/2))/(5625+1800*10$
$^{\wedge}(1/2))^{\wedge}(2/5)-3*(-1/4+1/4*5\,^{\wedge}(1/2)-1/8*(-10+2*5\,^{\wedge}(1/2))^{\wedge}(1/2)-1/8*(-10+2$
$*5\,^{\wedge}(1/2))^{\wedge}(1/2)*5\,^{\wedge}(1/2))/(5625+1800*10\,^{\wedge}(1/2))^{\wedge}(1/5)$

$1/5*(-1/4-1/4*5\,^{\wedge}(1/2)-1/4*(-10+2*5\,^{\wedge}(1/2))^{\wedge}(1/2))*(5625+1800*10\,^{\wedge}(1/2))^{\wedge}$
$(1/5)+1/5*(-1/4+1/4*5\,^{\wedge}(1/2)+1/8*(-10+2*5\,^{\wedge}(1/2))^{\wedge}(1/2)+1/8*(-10+2*5\,^{\wedge}(1/$
$2))^{\wedge}(1/2)*5\,^{\wedge}(1/2))*(-675-225*10\,^{\wedge}(1/2))/(5625+1800*10\,^{\wedge}(1/2))^{\wedge}(3/5)+1/5*(-1/$
$4+1/4*5\,^{\wedge}(1/2)-1/8*(-10+2*5\,^{\wedge}(1/2))^{\wedge}(1/2)-1/8*(-10+2*5\,^{\wedge}(1/2))^{\wedge}(1/2)*5\,^{\wedge}(1/$
$2))*(-75-15*10\,^{\wedge}(1/2))/(5625+1800*10\,^{\wedge}(1/2))^{\wedge}(2/5)-3*(-1/4-1/4*5\,^{\wedge}(1/2)+1/4$
$*(-10+2*5\,^{\wedge}(1/2))^{\wedge}(1/2))/(5625+1800*10\,^{\wedge}(1/2))^{\wedge}(1/5)$

```
>> eval(p)
ans =
     - 0.7807
     - 1.1689 + 1.4510i
     1.5592 - 1.4130i
     1.5592 + 1.4130i
     - 1.1689 - 1.4510i
```

以上"p="后面的连续 5 块长表达式就是原方程的 5 个解析解,因不直观,通过"eval"命令,将其转换为数值解。

所以,原方程的数值解为

$$\begin{cases} x_0 = -0.78 \\ x_1 = -1.17 + 1.45\mathrm{i} \\ x_2 = 1.56 - 1.41\mathrm{i} \\ x_3 = 1.56 + 1.41\mathrm{i} \\ x_4 = -1.17 - 1.45\mathrm{i} \end{cases}$$

可见,原方程也是由 1 个实根、4 个虚根组成。

【例 8.3】 解实系数一元五次方程 $x^5 - 1 = 0$。

解:

```
>> syms p;
>> p = solve('x^5 - 1 = 0')
p =
     1
     1/4*5^(1/2) - 1/4 + 1/4*i*2^(1/2)*(5+5^(1/2))^(1/2)
     -1/4*5^(1/2) - 1/4 + 1/4*i*2^(1/2)*(5-5^(1/2))^(1/2)
```

```
-1/4*5^(1/2) -1/4-1/4*i*2^(1/2)*(5-5^(1/2))^(1/2)
 1/4*5^(1/2) -1/4-1/4*i*2^(1/2)*(5+5^(1/2))^(1/2)
>> eval(p)
ans =
     1.0000
     0.3090 + 0.9511i
    -0.8090 + 0.5878i
    -0.8090 - 0.5878i
     0.3090 - 0.9511i
```

以上"p="后面的连续 5 行表达式就是原方程的 5 个解析解,因不直观,通过"eval"命令,将其转换为数值解。

所以,原方程的数值解为

$$\begin{cases} x_0 = 1.0000 \\ x_1 = 0.3090 + 0.9511\mathrm{i} \\ x_2 = -0.8090 + 0.5878\mathrm{i} \\ x_3 = -0.8090 - 0.5878\mathrm{i} \\ x_4 = 0.3090 - 0.9511\mathrm{i} \end{cases}$$

原方程也是由 1 个实根、4 个虚根组成。

8.1.2　求解实系数一元六次方程的根

【例 8.4】　解一元六次方程 $x^6 - 5x^5 + 3x^4 + x^3 - 7x^2 + 7x - 20 = 0$。

解:

```
>> syms p;
>> p = solve('x^6-5*x^5+3*x^4+x^3-7*x^2+7*x-20=0')
p =
    4.3337554469199950865943454790008
    1.18397546946284248598213812508 84 + .936098798148829676765962003028 91 * i
    -.14962167771155134679254334724518 + 1.1925070278789542593111979900862 * i
    -1.4024630304225773649735350346872
    -.14962167771155134679254334724518 - 1.1925070278789542593111979900862 * i
    1.18397546946284248598213812508 84 - .936098798148829676765962003028 91 * i
>> eval (p)
ans =
     4.3338
     1.1840 + 0.9361i
    -0.1496 + 1.1925i
    -1.4025
    -0.1496 - 1.1925i
     1.1840 - 0.9361i
```

以上"p="后面的连续 6 行长表达式就是原方程的 6 个解,因不直观,通过"eval"命令,将其简化。

所以,原方程的解为

$$\begin{cases} x_0 = 4.3338 \\ x_1 = 1.1840 + 0.9361i \\ x_2 = -0.1496 + 1.1925i \\ x_3 = -1.4025 \\ x_4 = -0.1496 - 1.1925i \\ x_5 = 1.1840 - 0.9361i \end{cases}$$

可见,原方程 6 个根中 2 个为实根,4 个为虚根。后者由两对共轭虚数组成。

8.1.3 求解实系数一元七次方程的根

【例 8.5】 解实系数一元七次方程 $x^7 - 5x^6 + 3x^5 + x^4 - 7x^3 + 7x^2 - 20x + 1 = 0$。
解:

```
>> syms p;
>> p = solve('x^7 - 5 * x^6 + 3 * x^5 + x^4 - 7 * x^3 + 7 * x^2 - 2 * x + 1 = 0')
p =
    .50859683205900173565346586592973e-1
    4.3335823063026553424342797087431
    1.1722925481219302849633997656305 + .93602260753391297010452673771243 * i
    -.16057178131987532082692277808761 + 1.1858515747291264310238180073008 * i
    -1.4078835231126654442725802704219
    -.16057178131987532082692277808761 - 1.1858515747291264310238180073008 * i
    1.1722925481219302849633997656305 - .93602260753391297010452673771243 * i
>> eval(p)
ans =
    0.0509
    4.3336
    1.1723 + 0.9360i
    -0.1606 + 1.1859i
    -1.4079
    -0.1606 - 1.1859i
    1.1723 - 0.9360i
```

以上"p="后面的连续 7 行长表达式就是原方程的 7 个解,因不直观,通过"eval"命令,将其简化。

所以,原方程的解为

$$\begin{cases} x_0 = 0.0509 \\ x_1 = 4.3336 \\ x_2 = 1.1723 + 0.9360i \\ x_3 = -0.1606 + 1.1859i \\ x_4 = -1.4079 \\ x_5 = -0.1606 + 1.1859i \\ x_6 = 1.1723 - 0.9360i \end{cases}$$

可见,原方程 7 个根中 3 个为实根,4 个为虚根。后者由两对共轭虚数组成。

8.1.4 求解实系数一元八次方程的根

【例 8.6】 解实系数一元八次方程 $x^8 + x^7 - 5x^6 + 3x^5 + x^4 - 7x^3 + 7x^2 - 20x + 1 = 0$。

解：

```
>> syms p;
>> p = solve('x^8 + x^7 - 5 * x^6 + 3 * x^5 + x^4 - 7 * x^3 + 7 * x^2 - 20 * x + 1 = 0')
p =
    .50859683208214876510135236666873e - 1
    1.7345437189503441773471565792064
    .97190709892104473781023266212908 + .99636054621813648450005776667010 * i
    - .15965640276603561953107523431170 + 1.14162302163541667328457261609 08 * i
    - 1.5278154085248630199564989544351
    - 2.8820893859437142704591077170730
    - .15965640276603561953107523431170 - 1.14162302163541667328457261609 08 * i
    .97190709892104473781023266212908 - .99636054621813648450005776667010 * i
>> eval(p)
ans =
     0.0509
     1.7345
     0.9719 + 0.9964i
    - 0.1597 + 1.1416i
    - 1.5278
    - 2.8821
    - 0.1597 - 1.1416i
     0.9719 - 0.9964i
```

以上"p＝"后面的连续 8 行长表达式就是原方程的 8 个解,因不直观,通过"eval"命令,将其简化。

所以,原方程的解为

$$\begin{cases} x_0 = 0.0509 \\ x_1 = 1.7345 \\ x_2 = 0.9719 + 0.9964\text{i} \\ x_3 = -0.1597 - 1.1416\text{i} \\ x_4 = -1.5278 \\ x_5 = -2.8821 \\ x_6 = -0.1597 + 1.1416\text{i} \\ x_7 = 0.9719 - 0.9964\text{i} \end{cases}$$

可见,原方程 8 个根中 4 个为实根,4 个为虚根。后者由两对共轭虚数组成。

8.2 复系数一元代数方程

用牛顿下山法求复系数代数方程

$$f(z) = a_n z^n + a_{n-1} z^{n-1} + \cdots + a_1 z + a_0 = 0$$

式中，$a_k = a_r(k) + ja_i(k)$，$(k=0,1,\cdots,n)$ 的全部根时，其迭代格式和实系数代数方程所用相同。

8.2.1　求解复系数一元五次方程的根

【例 8.7】　解复系数一元五次方程。

$$z^5 + (3+3i)z^4 - 0.01iz^3 + (4.9-19i)z^2 + 21.33z + (0.1-100i) = 0$$

解：

```
>> syms p;
>> p = solve('z^5+(3+3*i)*z^4-0.01*i*z^3+(4.9-19*i)*z^2+21.33*z+(0.1-
100*i)=0')
p =
    2.1001207195806985987893616998185+.98542144056240557707654746410418*i
   -.30804893992589805515046793662716e-1+1.5120116484817530993037573533111*i
   -3.0877420943673525879537858733190+.10869778734923328667387327259326*i
   -2.3836710725585047292888004000956-3.4377999190752536926608934623639*i
    .40209734133774852396827136725884-2.1683309573181382703932846276447*i
>> eval(p)
ans =
    2.1001 + 0.9854i
   -0.0308 + 1.5120i
   -3.0877 + 0.1087i
   -2.3837 - 3.4378i
    0.4021 - 2.1683i
```

以上"p="后面的连续 5 行长表达式就是原方程的 5 个解，因不直观，通过"eval"命令，将其简化。

所以，原方程的解为

$$\begin{cases} z_0 = 2.1001 + 0.9854i \\ z_1 = -0.0308 + 1.5120i \\ z_2 = -3.0877 + 0.1087i \\ z_3 = -2.3837 - 3.4378i \\ z_4 = 0.4012 - 2.1683i \end{cases}$$

可见，原方程 5 个虚根各自独立，相互间没有共轭关系。

8.2.2　求解复系数一元六次方程的根

【例 8.8】　解复系数一元六次方程。

$$(1+i)z^6 + z^5 + (3+2i)z^4 - 0.01iz^3 + (4.9-19i)z^2 + 21.33z + (0.1-100i) = 0$$

解：

```
>> syms p;
>> p = solve('(1+i)*z^6+z^5+(3+2*i)*z^4-0.01*i*z^3+(4.9-19*i)*z^2+
21.33*z+(0.1-100*i)=0')
p =
    1.9292048942868259449729247063192+.62473759609882586940210166490027*i
```

```
        .12700824122580114022320113706259 + 1.66535879878442363715965567560943 * i
        -.649842719272721542140867758108705 + 2.21745239063718454977325723335152 * i
        -2.1433087291260781394161723775768 - .27408038054515241121652594145013 * i
        -.70479256678485033804005605798804 - 1.94513949457286521259238504480525 * i
        .941730879670455606346878403060100 - 1.78832891040241647752610466820710 * i
>> eval(p)
ans =
        1.9292 + 0.6247i
        0.1270 + 1.6654i
       - 0.6498 + 2.2175i
       - 2.1433 - 0.2741i
       - 0.7048 - 1.9451i
        0.9417 - 1.7883i
```

以上"p="后面的连续 6 行长表达式就是原方程的 6 个解,因不直观,通过"eval"命令,将其简化。

所以,原方程的解为

$$
\begin{cases}
z_0 = 1.9292 + 0.6247\mathrm{j} \\
z_1 = 0.1270 + 1.6654\mathrm{j} \\
z_2 = -0.6498 + 2.2175\mathrm{j} \\
z_3 = -2.1433 - 0.2741\mathrm{j} \\
z_4 = -0.7048 - 1.9451\mathrm{j} \\
z_5 = 0.9417 - 1.7883\mathrm{j}
\end{cases}
$$

可见,原方程 6 个虚根各自独立,相互间没有共轭关系。

8.2.3 求解复系数一元七次方程的根

【例 8.9】 解复系数一元七次方程。

$(1+i)z^7 + (1+i)z^6 + z^5 + (3+2i)z^4 - 0.01iz^3 + (4.9 - 19i)z^2 + 21.33z + (0.1 - 100i) = 0$

解:

```
>> syms p;
>> p = solve('(1 + i) * z^7 + (1 + i) * z^6 + z^5 + (3 + 2 * i) * z^4 - 0.01 * i * z^3 + (4.9 - 19 *
i) * z^2 + 21.33 * z + (0.1 - 100 * i) = 0')
p =
        1.72355852858278429802755508263481 + .41594263915911249878612121650925 * i
        .57517149146985557532621229213636 + 1.62012997895453860981996601489580 * i
        -.30457421862556860842020543133791 + 1.56399113893090175678097984214780 * i
        -2.04445811605932502544727004502490 + .66406269633261913753944232733412 * i
        -1.77857585145301745724701674334830 - 1.02033660908775034147030275421930 * i
        -.27639721067173632707598034293864 - 1.77739697523650309332577912324630 * i
        1.10527537675700754483670944416530 - 1.46639286905291856813042752342140 * i
>> eval(p)
ans =
        1.7236 + 0.4159i
        0.5752 + 1.6201i
```

```
-.0.3046 + 1.5640i
- 2.0445 + 0.6641i
- 1.7786 - 1.0203i
- 0.2764 - 1.7774i
1.1053 - 1.4664i
```

以上"p＝"后面的连续 7 行长表达式就是原方程的 7 个解,因不直观,通过"eval"命令,将其简化。

所以,原方程的解为

$$\begin{cases} z_0 = 1.7236 + 0.4159i \\ z_1 = 0.5752 + 1.6201i \\ z_2 = -0.3046 + 1.5640i \\ z_3 = -2.0445 + 0.6641i \\ z_4 = -1.7786 - 1.0203i \\ z_5 = -0.2764 - 1.7774i \\ z_6 = 1.1053 - 1.4664i \end{cases}$$

可见,原方程 7 个虚根各自独立,相互间没有共轭关系。

8.2.4　求解复系数一元八次方程的根

【例 8.10】　解复系数一元八次方程。

$$(1+i)z^8 + (2+2i)z^7 + (3+3i)z^6 + (4+4i)z^5 + (5+5i)z^4 +$$
$$(6+6i)z^3 + (7+7i)z^2 + (8+8i)z + (9+9i) = 0$$

解:

```
>> syms p;
>> p = solve('(1+i)*z^8+(2+2*i)*z^7+(3+3*i)*z^6+(4+4*i)*z^5+(5+5*i)*
z^4+(6+6*i)*z^3+(7+7*i)*z^2+(8+8*i)*z+(9+9*i)=0')
p =
    .8767318053938881509076081198562314 + .881372126823502337357085117667 71 * i
    .1363853102203648206193996945796 6 + 1.30495292052054479091958170730 75 * i
    - .7243605276565070899737394004534 4 + 1.13697534306189598052543560031 83 * i
    - 1.2887565879577392397217422797494 + .447682305901415186010922793684 79 * i
    - 1.2887565879577392397217422797494 - .447682305901415186010922793684 79 * i
    - .7243605276565070899737394004534 4 - 1.13697534306189598052543560031 83 * i
    .1363853102203648206193996945796 6 - 1.30495292052054479091958170730 75 * i
    .8767318053938881509076081198562314 - .881372126823502337357085117667 71 * i
>> eval(p)
ans =
     0.8767 + 0.8814i
     0.1364 + 1.3050i
   - 0.7244 + 1.1370i
   - 1.2888 + 0.4477i
   - 1.2888 - 0.4477i
   - 0.7244 - 1.1370i
     0.1364 - 1.3050i
     0.8767 - 0.8814i
```

以上"p="后面的连续 8 行长表达式就是原方程的 8 个解,因不直观,通过"eval"命令,将其简化。

所以,原方程的解为

$$
\begin{cases}
z_0 = 0.8767 + 0.8814i \\
z_1 = 0.1364 + 1.3050i \\
z_2 = -0.7244 - 1.1370i \\
z_3 = -1.2888 + 0.4477i \\
z_4 = -1.2888 - 0.4477i \\
z_5 = -0.7244 + 1.1370i \\
z_6 = 0.1364 - 1.3050i \\
z_7 = 0.8767 - 0.8814i
\end{cases}
$$

可见,原方程 8 个虚根由 4 对共轭复数所组成。

8.3 小结

本章是用 MATLAB 编程解决了实系数一元五次、六次、七次和八次方程的近似求根问题和复系数一元五次、六次、七次和八次方程的近似求根问题。其中,例 8.2 和例 8.3 的实系数一元五次方程有解析解。

第9章

超越方程及非线性方程

9.1 超越方程说明

超越方程(transcendental equation)是包含超越函数的方程,也就是方程中有无法用自变数的多项式或开方表示的函数,与超越方程相对的是代数方程。

换句话说,当一元方程 $f(x)=0$ 的左端函数 $f(x)$ 不是 x 的多项式时,称之为超越方程;如具有未知量的对数函数、指数函数、三角函数、反三角函数等的方程。例如: $2^x = x + 1, \sin(x) + x = 0, \arcsin(2x-1)) = \arccos(x)$ 等都是超越方程。

超越方程的求解无法利用代数几何来进行。超越方程一般没有解析解,而只有数值解或近似解,只有特殊的超越方程才可以求出解析解来。

求解超越方程的近似解法有很多,图像法虽然形象,但得到的解误差太大。常用的近似解法有牛顿切线法、幂级数解法等,现在也可以编制一段程序用计算机求解,或者利用现成的软件求解,例如大多数计算机都安装的 Excel 也可以用来求解超越方程。

MATLAB 是获得超越方程数值解的一个强大的工具。常用的命令有 fsolve、fzero 等,但超越方程的解很难有精确的表达式,因此在 MATLAB 中常用 eval() 函数得到近似数值解,再用 vpa() 函数控制精度。

9.2 解超越方程

9.2.1 解指数方程

1. 指数方程简介

方程中至少有一项在指数中含有变量,这样的方程称为指数方程。如 $15^x = 88, 3^x = 35^{2x-3}$ 都为指数方程。

手工解题例子 1

解指数方程 $15^x = 88$。

解：在方程两边取对数，得

$$\lg 15^x = \lg 88$$

$$x \lg 15 = \lg 88$$

于是

$$x = \frac{\lg 88}{\lg 15} = \frac{1.9445}{1.1761} = 1.6533$$

所以，原方程的解为

$$x = 1.6533$$

2. 实例

【例 9.1】 解指数方程 $15^x = 88$。

解：在 MATLAB 命令窗口，执行命令

```
>> edit overequit.m
```

将程序修改为

```
% overequit.m
syms p y
p = solve('15^x = 88');
eval(p)
```

再执行命令

```
overequit
```

得

```
ans =
1.6533
```

所以，原方程的解为

$$x = 1.6533$$

【例 9.2】 解指数方程 $3^x = 35^{2x-3}$。

解：在 MATLAB 命令窗口，执行命令

```
>> edit overequit2.m
```

将程序修改为

```
% overequit2.m
syms p y
p = solve('3^x = 35^(2*x-8)');
eval(p)
```

再执行命令

```
overequit2
```

得

```
ans =
    4.7309
```

所以,原方程的解为

$$x = 4.7309$$

9.2.2 解对数方程

1. 对数方程简介

方程中至少有一项在对数符号后面含有变量,这样的方程称为对数方程。对数包括常用对数(以 10 为底的对数)和自然对数(以 e 为底的对数)等,对数方程一般指常用对数方程,如 $\lg(9x+19)=2$, $\lg(y+1)-\lg(y^2-1)=\lg(y-1)$ 等都是对数方程。

手工解题例子 2

解对数方程 $\lg(3x+2)-\lg(x+2)=\lg(x+9)$。

解:对方程左边使用对数法则,得

$$\lg \frac{3x+2}{x+2} = \lg(x+9)$$

两边取反对数,有

$$\frac{3x+2}{x+2} = x+9$$

交叉相乘并移相,可得到下列二次方程

$$x^2 + 8x + 16 = 0$$

此即 $(x+4)^2 = 0$,因而

$$x = -4$$

检验:把 -4 代入原方程

$$\lg[3 \times (-4)+2] - \lg(-4+2) = \lg(-4+9)$$
$$\lg[-10] - \lg(-2) = \lg(5)?$$

因为负数无对数,故原方程无解。

2. 实例

【例 9.3】 解对数方程 $\lg(9x+19)=2$。

解:在 MATLAB 命令窗口,执行命令

```
>> edit overequit3.m
```

将程序修改为

```
% overequit3.m
syms p y
p = solve('log10(9*x+19) = 2');
eval(p)
```

再执行命令

```
Overequit3
```

得

```
ans =
     9
```

检验：把 9 代入原方程

$$\lg(9 \times 9 + 19) = \lg(100) = 2$$

检验通过。

所以，原方程的解为 $x=9$。

【例 9.4】 解对数方程 $\lg(x^2-4)+\lg(x+1)=\lg(x+2)+\lg4$。

解：在 MATLAB 命令窗口，执行命令

```
>> edit overequit4.m
```

将程序修改为

```
% overequit4.m
p = solve('log10(x ^ 2 - 4) + log10(x + 1) = log10(x + 2) + log10(4)')
```

再执行命令

```
Overequit4
```

得

```
p =
    3
```

检验：把 3 代入原方程

$$\lg(9-4) + \lg(3+1) = \lg(3+2) + \lg4$$
$$\lg(5) + \lg(4) = \lg(5) + \lg4$$

检验通过。

所以，原方程的解 $x=3$。

9.2.3 解三角方程

1. 三角函数方程

含有未知角的三角函数的方程称为三角方程。如 $\sqrt{2}\sin\theta=1$ 就是三角方程。

手工解题例子 3

解三角方程 $2\sin^2\theta-5\sin\theta+2=0$。

解：分解因式，得

$$(\sin\theta - 2)(2\sin\theta - 1) = 0$$

于是

$$\sin\theta - 2 = 0 \ \text{或} \ 2\sin\theta - 1 = 0$$

由 $\sin\theta-2=0$，得 $\sin\theta=2$，方程无解。

由 $2\sin\theta-1=0$，得 $\sin\theta=\dfrac{1}{2}$，$\theta=30°$和 $150°$。

因此,原方程的解为 $\theta = 30°$ 和 $150°$。

2. 实例

【例9.5】 解三角方程 $\sqrt{2}\sin\theta = 1$。

解:在 MATLAB 命令窗口,执行命令

```
>> edit overequit5.m
```

将程序修改为

```
% overequit5.m
syms p y
p = solve('2 ^ (1/2) * sin(x) - 1 = 0');
eval(p)
```

再执行命令

```
Overequit5
```

得

```
ans =
    0.7854
```

而 $0.7854 \times \dfrac{360°}{2\pi} = 45°$

所以,原方程的解为 $\theta = 45°$ 或 $135°$。

【例9.6】 解三角方程 $2\sin^2\theta - 5\sin\theta + 2 = 0$。

解:在 MATLAB 命令窗口,执行命令

```
>> edit overequit6.m
```

将程序修改为

```
% overequit6.m
syms p y
p = solve('2 * (sin(x))^2 - 5 * sin(x) + 2 = 0')
eval(p)
```

再执行命令

```
Overequit6
```

得

```
p =
    asin(2)
    1/6 * pi
ans =
    1.5708 - 1.3170i
    0.5236
```

两个解中,一个是复数,不合题意舍去。

而 $0.5236 \times \dfrac{360°}{2\pi} = 30°$

所以,原方程的解为 $\theta = 30°$ 或 $150°$。

【例 9.7】 解三角方程 $x = \sin x - 5$。

解:在 MATLAB 命令窗口,执行命令

```
>> edit overequit7.m
```

将程序修改为

```
% overequit7.m
syms p y
p = solve(' x = sin(x) - 5');
eval(p)
```

再执行命令

```
Overequit7
```

得

```
ans =
    - 4.1526
```

所以,原方程的解为 $x = -4.1526$。

【例 9.8】 解三角方程 $9x^2 = \sin x + 1$。

解:在 MATLAB 命令窗口,执行命令

```
>> edit overequit8.m
```

将程序修改为

```
% overequit8.m
syms p y
p = solve('9 * x^2 = sin(x) + 1')
eval(p)
```

再执行命令

```
Overequit8
```

得

```
ans =
    0.3918
```

所以,原方程的解为 $x = 0.3918$。

9.2.4 解无理方程

1. 无理方程

我们把根号内含有未知数的方程称为无理方程。解这类方程采用将两边各自平方的方法。但是,往往因此而引入增根,所以必须将所有的解都代入原方程检验。

手工解题例子 4

解无理方程 $\sqrt{x-3}=4$。

解：将方程的两边平方，得

$$(\sqrt{x-3})^2 = 4^2$$
$$x-3=16 \quad 即 \quad x=19$$

检验：$\sqrt{x-3}=\sqrt{19-3}=\sqrt{16}=4$

所以，$x=19$ 是原方程的根。

2. 实例

【例 9.9】 解无理方程 $\sqrt{2x+4}=1-\sqrt{x+3}$。

解：在 MATLAB 命令窗口，执行命令

```
>> edit overequit9.m
```

将程序修改为

```
% overequit9.m
syms p y
p = solve('(2 * x + 4)^(1/2) = 1 - (x + 3)^(1/2)');
eval(p)
```

再执行命令

```
Overequit9
```

得

```
ans =
    - 2
```

把 -2 代入原方程检验，知原方程的解为 $x=-2$。

【例 9.10】 解无理方程 $2x^2-15x-\sqrt{2x^2-15x+1998}=-18$。

解：在 MATLAB 命令窗口，执行命令

```
>> edit overequit10.m
```

将程序修改为

```
% overequit10.m
p = solve('2 * x^2 - 15 * x - (2 * x^2 - 15 * x + 1998)^0.5 = - 18')
```

再执行命令

```
Overequit10
```

得

```
p =
    - 1.50000000000000000000000000000000
```

9.

检验：

```
>> 2 * 9 ^ 2 - 15 * 9 - (2 * 9 ^ 2 - 15 * 9 + 1998) ^ 0.5
ans =
     - 18
>> 2 * ( - 1.5) ^ 2 - 15 * ( - 1.5) - (2 * ( - 1.5) ^ 2 - 15 * ( - 1.5) + 1998) ^ 0.5
ans =
     - 18
```

把 9 和 -1.5 分别代入原方程,方程左右两边相等,故原方程的解为

$$\begin{cases} x_1 = -1.5 \\ x_2 = 9.0 \end{cases}$$

注：无理方程不属于超越方程,属于代数方程。

9.2.5 解反三角函数方程

1. 反三角函数方程简介

反三角函数方程,指在反三角函数记号后含有未知数的方程(一般只讨论单值反三角函数方程)。如 $\arcsin(20/29) = \arccos x$ 就是反三角函数方程。反三角方程多数不能用初等方法求解,能用初等方法求解的仅限于一些简单的反三角方程,其解法通常是将方程两边同取某一三角函数,使之化成代数方程来求解。由于反三角函数有值域的限制,所以,反三角方程两边的角应属同一区间,否则这样的反三角方程无解。解反三角方程时,在方程变形的过程中,若使用了非同解变形的方法,就有可能增根或失根,所以要验根。

手工解题例子 5

解反三角方程 $2\arcsin x = \arcsin \dfrac{10}{13} x$。

解：在原方程两边取正弦,得

$$\sin(2\arcsin x) = \frac{10}{13} x$$

即

$$2x \sqrt{1 - x^2} = \frac{10}{13} x$$

$$x \left[\sqrt{1 - x^2} - \frac{5}{13} \right] = 0$$

解得 $x_1 = 0, x_2 = \dfrac{12}{13}, x_3 = -\dfrac{12}{13}$

经检验：$x = 0$ 是原方程的根。

因为,$2\arcsin\left(\pm\dfrac{12}{13}\right) \notin \left[-\dfrac{\pi}{2}, \dfrac{\pi}{2}\right]$,

而 $\arcsin\left[\dfrac{10}{13}\left(\pm\dfrac{12}{13}\right)\right] \in \left[-\dfrac{\pi}{2}, \dfrac{\pi}{2}\right]$,

所以,x_2、x_3 都是增根,舍去,故原方程的根为 $x = 0$。

2. 实例

【例 9.11】 解反三角函数方程 $\arcsin(20/29) = \arccos x$。

解：在 MATLAB 命令窗口,执行命令

```
>> edit overequit11.m
```

将程序修改为

```
% overequit11.m
solve('asin(20/29) = acos(x)')
```

再执行命令

```
Overequit11
```

得

```
ans =
    21/29
```

所以,原方程的解为

$$x = 21/29$$

验证:

```
>> y = asin(20/29)
y =
   0.7610
>> z = acos(21/29)
z =
   0.7610
```

把 $x=21/29$ 代入原方程,方程左右两边相等,故 $x=21/29$ 是原方程的解。

【例 9.12】　解反三角函数方程 $\arctan(0.2x) + \arctan(0.02x) = 90°$。

解: 在 MATLAB 命令窗口,执行命令

```
>> edit overequit12.m
```

将程序修改为

```
% overequit12.m
p = solve('atan(0.2 * x) + atan(0.02 * x) = pi/2')
```

再执行命令

```
Overequit12
```

得

```
p =
  15.811388300841896659994467722164
 >> eval(p)
ans =
   15.8114
```

所以,原方程的解为

$$x = 15.8114$$

验证:

```
>> y = atan(0.2 * 15.8144) + atan(0.02 * 15.8144)
y =
    1.5709
>> z = pi/2
z =
    1.5708
```

把 $x=15.8114$ 代入原方程,方程左右两边相等,故 15.8114 是原方程的解。

【例 9.13】 解反三角函数方程 $(\arccos x)^2 - 6\arccos x + 8 = 0$。

解:在 MATLAB 命令窗口,执行命令

```
>> edit overequit13.m
```

将程序修改为

```
% overequit13.m
p = solve('(acos(x))^2 - 6 * acos(x) + 8 = 0')
```

再执行命令

```
Overequit13
```

得

```
p =
    cos(2)
```

所以,原方程的解为

$$x = \cos 2$$

验证:

```
>> y = (acos(cos(2)))^2 - 6 * acos(cos(2)) + 8
  y =
    0
```

故 $x=\cos 2$ 是原方程的解。

【例 9.14】 解反三角函数方程 $\arcsin(2x-1)\arccos x$。

解:在 MATLAB 命令窗口,执行命令

```
>> edit overequit14.m
```

将程序修改为

```
% overequit14.m
p = solve('(asin(2 * x - 1)) = acos(x)')
```

再执行命令

```
Overequit14
```

得

```
p =
```

4/5

所以,原方程的解为

$$x = 4/5$$

验证:

```
>> y = (asin(2 * (4/5) − 1))
y =
    0.6435
>> z = acos(4/5)
z =
    0.6435
```

把 $x=4/5$ 代入原方程,方程左右两边相等,故 $x=4/5$ 是原方程的解。

9.2.6　解一般超越方程

【例 9.15】　求超越方程 $e^x = \sin\left(\dfrac{\pi x}{3}\right)$ 的解。

解：在 MATLAB 命令窗口,执行命令

```
>> edit overequit15.m
```

将程序修改为

```
% overequit15.m
syms x;
x = solve('exp(x) = sin(pi * x/3)','x')
```

再执行命令

```
Overequit15
```

得

```
x =
    .38153878026090797890720392199311 − 1.0932956783807902478692848840452 * i
  >> double(x)
ans =
    0.3815 − 1.0933i
```

所以,原方程的解为 $x=0.3815-1.0933\mathrm{i}$。

可见,函数 solve 在解析解得不到的情形下,有时可以给出方程的根的数值解。

用 fzero 函数求一维变量的零点。fzero 函数的调用格式如下：

x=fzero(fun,x0)：x 为方程的零点,fun 所求方程的函数,x0 为初始点。

【例 9.16】　解超越方程 $4.5+3.5e^{-2t}-t=0$,估计其根在 $t=5$ 附近。

解：在 MATLAB 命令窗口,执行命令

```
>> edit overequit16.m
```

将程序修改为

```
% overequit16.m
y = inline('4.5 + 3.5 * exp( - 2 * t) - t','t');
[to,yt] = fzero(y,5,[ ]);
disp ([to,yt])
```

再执行命令

```
Overequit16
```

得

```
4.5004          0
```

所以,原方程的解为

$$t = 4.5004$$

【例 9.17】　解超越方程 $t+5-\sin t=0$,估计方程的根在 $t=3$ 附近。

解：在 MATLAB 命令窗口,执行命令

```
>> edit overequit17.m
```

将程序修改为

```
% overequit17.m
y = inline('t + 5 - sin(t)','t');
[to,yt] = fzero(y,3,[]);
disp([to,yt])
```

再执行命令

```
Overequit17
```

得

```
- 4.1526   - 0.0000
```

所以,原方程的解为

$$t = -4.1526$$

9.3　解非线性方程

9.3.1　解一元非线性方程

求解一元非线性方程,一般有 3 种方法。第一种用 fzero 函数求；第二种用二分法求；第三种用牛顿法求。

1. fzero 函数求

【例 9.18】　解非线性方程 $x^4-x^3+x^2-1=0$,估计方程的根在 $x=1.2$ 附近。

解：在 MATLAB 命令窗口,执行命令

```
>> edit overequit18.m
```

将程序修改为

```
% overequit18.m
clear all;
[x,fval] = fzero('x^4 - x^3 + x^2 - 1',1.2)
```

再执行命令

```
Overequit18
```

得

```
x =
      1
fval =
      0
```

所以,可知原方程有一个根是 $x=1$。

【例 9.19】 解非线性方程 $x^5 + 3x^4 - 4x^3 + 5x^2 - 1 = 0$,估计方程的根在 $x=1$ 附近。

解: 在 MATLAB 命令窗口,执行命令

```
>> edit overequit19.m
```

将程序修改为

```
% overequit19.m
clear all;
[x,fval] = fzero('x^5 + 3 * x^4 - 4 * x^3 + 5 * x^2 - 1',1)
```

再执行命令

```
Overequit19
```

得

```
x =
    0.5081
fval =
      2.2204e - 016
```

可知原方程有一个根是 $x=0.5081$。

【例 9.20】 用 fzero() 函数求解以下非线性方程。

$$\frac{1}{(x+4)^2 + 1} + \frac{1}{(x-4)^2 + 1} = \frac{1}{2}$$

解:

该问题等价于求函数 $f(x) = \dfrac{1}{(x+4)^2 + 1} + \dfrac{1}{(x-4)^2 + 1} - \dfrac{1}{2}$ 的零点,函数 $f(x)$ 的曲线图形如图 9-1 所示。

在 MATLAB 命令窗口,执行命令

```
>> edit fzero_example.m
```

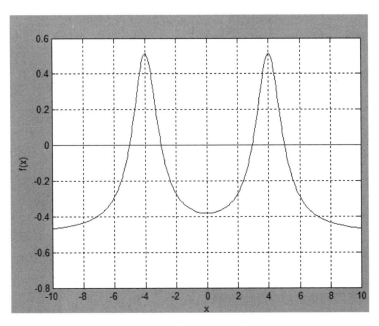

图 9-1 函数 $f(x)$ 的曲线图

将程序修改为

```
% fzero_example.m
f = @(x)1./((x + 4).^2 + 1) + 1./((x - 4).^2 + 1) - 0.5;
fplot(f,[ - 10 10]);
xlabel('x');
ylabel('f(x)');
x1 = fzero(f, - 5)
x2 = fzero(f, - 3)
x3 = fzero(f,3)
x4 = fzero(f,5)
x1_region = fzero(f,[ - 10, - 3])
x2_region = fzero(f,[ - 3,0])
x3_region = fzero(f,[0,3])
x4_region = fzero(f,[3,10])
```

再执行命令

```
fzero_example
```

得

```
x1 =
    - 5.0246
x2 =
    - 2.9587
x3 =
    2.9587
x4 =
    5.0246
```

```
x1_region =
    - 5.0246
x2_region =
    - 2.9587
x3_region =
    2.9587
x4_region =
    5.0246
```

注意：fzero()函数只能返回一个局部零点，不能求出所有零点。可见，函数 $f(x)$ 的 4 个零点分别为 $x_1 = -5.0246$，$x_2 = -2.9587$，$x_3 = 2.9587$，$x_4 = 5.0246$。从图 9-1 也可以大致看出这 4 个零点来。

2. 二分法及其 MATLAB 实现

在求方程近似解的所有方法中，二分法是非线性方程求解最直观、最简单的方法。它是通过将非线性方程 $f(x)$ 的零点所在小区间逐次收缩一半，使区间的两个端点逐步逼近函数的零点，以求得函数零点的近似值的方法。

二分法是以连续函数的介值定理为基础建立的。由介值定理可知，若函数 $f(x)$ 在 $[a, b]$ 上连续且 $f(a)f(b) < 0$，则方程 $f(x) = 0$ 在 $[a, b]$ 上必有一个根 x^*。

为叙述的方便，记 $a_0 = a$，$b_0 = b$，用中点 $x_0 = \dfrac{a_0 + b_0}{2}$ 将区间 $[a_0, b_0]$ 分成两个小区间 $[a_0, x_0]$ 和 $[x_0, b_0]$，计算 $f(x_0)$，若 $f(x_0) = 0$，则 $x_0 = \dfrac{a_0 + b_0}{2}$ 就是方程的解；否则，$f(a_0)f(x_0) < 0$，$f(x_0)f(b_0) < 0$ 有且仅有一式成立，若 $f(a_0)f(x_0) < 0$，令 $a_1 = a_0$，$b_1 = x_0$；若 $f(x_0)f(b_0) < 0$，则令 $a_1 = x_0$，$b_1 = b_0$。于是有 $f(a_1)f(b_1) < 0$，因此，$[a_1, b_1]$ 为新的有根区间且 $[a_1, b_1]$ 的长度为 $[a_0, b_0]$ 的一半。对新的区间执行相同的操作可以得到一系列有根区间：

$$[a_0, b_0] \supset [a_1, b_1] \supset [a_2, b_2] \supset \cdots \supset [a_n, b_n]$$

图 9-2 给出二分法的几何意义。由图可知，二分法每一步执行的操作就是将有根区间一分为二，直至所求得的根达到所要求的精度为止。

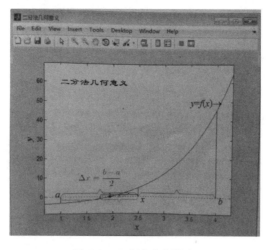

图 9-2　二分法几何意义

以下是用二分法求方程近似根的 MATLAB 程序,M 文件的文件名为 bisect.m。

```matlab
% bisect.m
function [x, fx, iter, X] = bisect(fun, a, b, eps, varargin)
% BISECT     二分法求方程的根
%   X = BISECT(FUN, A, B)
%   X = BISECT(FUN, A, B, EPS)
%   X = BISECT(FUN, A, B, EPS, P1, P2, ...)
%   [X, FX] = BISECT(...)
%   [X, FX, ITER] = BISECT(...)
%   [X, FX, ITER, XS] = BISECT(...)
%
%   输入参数:
%       --- FUN: 方程的函数描述,可以为匿名函数、内联函数或 M 文件形式
%       --- A, B: 区间端点
%       --- EPS: 精度设定
%       --- P1, P2, ...: 方程的附加参数
%   输出参数:
%       --- X: 返回的方程的根
%       --- FX: 方程根对应的函数值
%       --- ITER: 迭代次数
%       --- XS: 迭代根序列
%
% See also fzero, RootInterval
if nargin < 3
    error('输入参数至少需要 3 个!')
end
if nargin < 4 || isempty(eps)
    eps = 1e - 6;
end
fa = feval(fun, a, varargin{:});
fb = feval(fun, b, varargin{:});
% fa = fun(a, varargin{:}); fb = fun(b, varargin{:});
k = 1;
if fa * fb > 0                          % 不满足二分法使用条件
    warning(['区间[', num2str(a), ',', num2str(b), ']内可能没有根']);
elseif fa == 0                          % 区间左端点为根
    x = a; fx = fa;
elseif fb == 0                          % 区间右端点为根
    x = b; fx = fb;
else
    while abs(b - a) > eps;             % 控制二分法结束条件
        x = (a + b)/2;                 % 二分区间端点
        fx = feval(fun, x, varargin{:}); % 计算中点的函数值
        if fa * fx > 0;                % 条件
            a = x;                     % 端点更新
            fa = fx;                   % 端点函数值更新
        elseif fb * fx > 0;            % 条件
            b = x;                     % 端点更新
            fb = fx;                   % 端点函数值更新
        else
```

```
            break
        end
        X(k) = x;
        k = k + 1;
    end
end
iter = k;
```

【例 9. 21】 利用二分法求解如下函数在区间[0,2]间的零点。

$$y = \frac{1}{((x-0.3)^2 + 0.1)} + \frac{1}{((x-0.9)^2 + 0.04)} - 6$$

解：这也是个求解非线性方程的问题,初始点 x0＝[1；2]。

在 MATLAB 命令窗口,执行命令

```
>> edit overequit21.m
```

将程序修改为

```
% overequit21.m
fun = inline('[1/((x-0.3)^2 + 0.01) + 1/((x-0.9)^2 + 0.04) - 6]');
[x,fx] = bisect(fun,0,2,1e-8)
fplot(fun,[0,2])
hold on
plot(xlim,[0,0],'k--')
plot(x,fx,'k*')
```

再执行命令

```
Overequit21
```

得

```
x =
    1.2995
fx =
    1.3443e-007
```

运行结果还要以图形显示出来,如图 9-3 所示。曲线 y 和 x 轴的交点处,就是原方程的一个零点。或者说,原方程有一个解是 $x＝1.2995$。

【例 9. 22】 利用二分法求解如下函数在区间[0, −1]间的零点。

$$y = x^3 - x^2 + 2x + 1$$

解：

在 MATLAB 命令窗口,执行命令

```
>> edit overequit22.m
```

将程序修改为

```
% overequit22.m
fun = inline('[x^3 - x^2 + 2*x + 1]');
[x,fx] = bisect(fun,0, -1,1e-8)
```

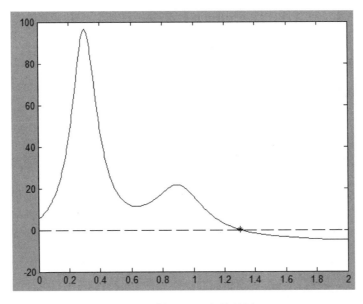

图 9-3 例 9.21 运行结果图

```
fplot(fun,[0,-1])
hold on
plot(xlim,[0,0],'k--')
plot(x,fx,'k*')
```

再执行命令

```
Overequit22
```

得

```
x =
    -0.3926
fx =
    -1.2912e-009
```

运行结果要以图形显示出来,如图 9-4 所示。曲线 y 和 x 轴的交点处,就是原方程的一个零点。或者说,原方程有一个解是 $x=-0.3926$。

3. 牛顿法及其 MATLAB 实现

对于方程 $f(x)=0$,如果 $f(x)$ 是线性函数,求它的根是非常容易的。牛顿法实质上就是一种线性化方法,其基本思想是将非线性方程 $f(x)=0$ 逐步归结为某种线性方程求解。

设方程 $f(x)=0$ 有近似根 x_k,将函数 $f(x)$ 在点 x_k 处展开,则有
$$f(x) \approx f(x_k) + f'(x_k)(x-x_k)$$
于是,方程 $f(x)=0$ 就可以近似表示为
$$f(x_k) + f'(x_k)(x-x_k) = 0$$
记该方程的根为 x_{k+1},则 x_{k+1} 的计算公式为
$$x_{k+1} = x_k - \frac{f(x_k)}{f'(x_k)}, \quad (0,1,2,\cdots)$$

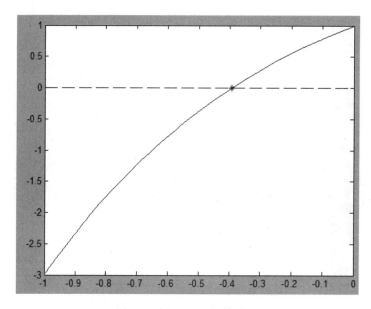

图 9-4   例 9.22 运行结果图

上式称为牛顿迭代公式。

由牛顿迭代公式可知，x_{k+1}是点$(x_k, f(x_k))$处 $y = f(x)$ 的切线$\dfrac{f(x) - f(x_k)}{x - x_k} = f'(x_k)$与 x 轴的交点的横坐标，如图 9-5 所示。

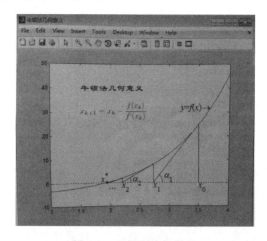

图 9-5   牛顿法几何意义

以下是用牛顿法求方程近似根的 MATLAB 程序 M 文件，文件名 newton.m。

```
% newton.m
function [x, fx, iter, X] = newton(fun, x0, eps, maxiter)
% NEWTON      牛顿法求方程的根
%   X = NEWTON(FUN, X0)      牛顿法求方程在初始点 X0 处的根
%   X = NEWTON(FUN, X0, EPS)      牛顿法求方程在初始点 X0 处的精度为 EPS 的根
%   X = NEWTON(FUN, X0, EPS, MAXITER)      牛顿法求方程的根并设定最大迭代次数
%   [X, FX] = NEWTON(...)      牛顿法求根,并返回根处的函数值
```

```
% [X,FX,ITER] = NEWTON(...)      牛顿法求根并返回根处的函数值以及迭代次数
% [X,FX,ITER,XS] = NEWTON(...)     牛顿法求根并返回根处的函数值、迭代次数以及迭代根序列
%
% 输入参数:
%      --- FUN: 方程的函数描述,可以为匿名函数、内联函数或 M 文件形式
%      --- X0: 初始迭代点
%      --- EPS: 精度设定
%      --- MAXITER: 最大迭代次数
% 输出参数:
%      --- X: 返回的方程的根
%      --- FX: 方程根对应的函数值
%      --- ITER: 迭代次数
%      --- XS: 迭代根序列
%
% See also fzero, RootInterval, bisect
if nargin < 2
    error('输入参数至少需要 2 个!')
end
if nargin < 3 || isempty(eps)
    eps = 1e - 6;
end
if nargin < 4 || isempty(maxiter)
    maxiter = 1e4;
end
s = symvar(fun);
if length(s) > 1
    error('函数 fun 必须只包含一个符号变量.')
end
df = diff(fun,s);
k = 0;err = 1;
while abs(err) > eps
    k = k + 1;
    fx0 = subs(fun,s,x0);
    dfx0 = subs(df,s,x0);
    if dfx0 == 0
        error('f(x)在 x0 处的导数为 0,停止计算')
    end
    x1 = x0 - fx0/dfx0;
    err = x1 - x0;
    x0 = x1;
    X(k) = x1;
end
if k > = maxiter
    error('迭代次数超限,迭代失败!')
end
x = x1; fx = subs(fun,x);iter = k;X = X';
```

【例 9.23】 利用牛顿法求解如下函数在区间$[0,2]$间的零点。

$$y = \frac{1}{((x-0.3)^2 + 0.1)} + \frac{1}{((x-0.9)^2 + 0.04)} - 6$$

解：这也是个求解非线性方程的问题，初始点 $x_0 = [0; 2]$。

在 MATLAB 命令窗口，执行命令

```
>> edit overequit23.m
```

将程序修改为

```
% overequit23.m
syms x
y = 1/((x - .3)^2 + 0.1) + 1/((x - .9)^2 + 0.04) - 6;
[x, fx] = newton(y, 1);
x = double(x)
fx = double(fx)
```

再执行命令

```
Overequit23
```

得

```
x =
    1.2958
fx =
    4.6008e - 18
```

所以，原方程有一个根是 $x = 1.2958$，该方程根对应的函数值为 $f(x) = 4.6008e^{-18}$。可见它是一个极接近于零的数值。

【例 9.24】 利用牛顿法求解如下函数在区间 $[0, -1]$ 间的零点。

$$y = x^3 - x^2 + 2x + 1$$

解：

在 MATLAB 命令窗口，执行命令

```
>> edit overequit24.m
```

将程序修改为

```
% overequit24.m
syms x
y = x^3 - x^2 + 2*x + 1;
[x, fx] = newton(y, -1);
x = double(x)
```

再执行命令

```
Overequit24
```

得

```
x =
    -0.3926
>> fx = double(fx)
fx =
    -4.2697e - 15
```

所以,原方程有一个解是 $x=-0.3926$,该方程根对应的函数值为 $f(x)=-4.2697\mathrm{e}^{-15}$。可见它是一个极接近于零的数值。

9.3.2 解二元非线性方程组

用 fsolve 函数求非线性方程组的根。fsolve 函数的调用格式如下:

x=fsolve(fun,x0):x 为方程的零点,fun 所求方程的函数,x0 为初始点。

【例 9.25】 解如下非线性方程组的根,初始点 $x_0=[1;1]$。

$$\begin{cases} x_1^3 + x_2^2 - 5 = 0 \\ (x_1+1)x_2 - (3x_1+1) = 0 \end{cases}$$

解:首先建立 li6myfun.m 方程表达式函数,代码如下

```
% li6myfun.m
function dx = li6myfun(x)
dx = [x(1)^2 + x(2)^2 - 5;
(x(1) + 1) * x(2) - (3 * x(1) + 1)];
```

再执行以下命令

```
>> clear all;
>> x0 = [1;1];
>> [x, fval] = fsolve(@li6myfun,x0)
```

得

```
x =
    1.0000
    2.0000
fval =
    1.0e - 009 *
    0.8088
    0.3489
```

这表明,原方程的解为

$$\begin{cases} x_1 = 1 \\ x_2 = 2 \end{cases}$$

【例 9.26】 解如下非线性方程组的根,初始点 $x_0=[-5;5]$。

$$\begin{cases} 2x_1 - x_2 = \mathrm{e}^{-x_1} \\ -x_1 + 2x_2 = \mathrm{e}^{-x_2} \end{cases}$$

解:

首先建立 li7myfun.m 方程表达式函数,代码如下

```
% li7myfun.m
function F = li7myfun (x)
F = [2 * x(1) - x(2) - exp( - x(1));
- x(1) + 2 * x(2) - exp( - x(2))];
```

再执行以下命令：

```
>> clear all;
>> x0 = [ - 5; - 5];
>> [x, fval] = fsolve(@li7myfun, x0)
```

得

```
x =
    0.5671
    0.5671
fval =
    1.0e - 006 *
    - 0.4059
    - 0.4059
```

这表明，原方程的近似解为

$$\begin{cases} x_1 = 0.5671 \\ x_2 = 0.5671 \end{cases}$$

【例 9.27】 解如下二元非线性方程组。

$$\begin{cases} x^2 + y^2 - 1 = 0 \\ 0.75x^3 - y + 0.9 = 0 \end{cases}$$

解：

在 MATLAB 命令窗口，执行命令

```
>> edit overequit27. m
```

将程序修改为

```
% overequit27. m
[x, y] = solve('x ^ 2 + y ^ 2 - 1', '0. 75 * x ^ 3 - y + 0. 9')
```

再执行命令

```
Overequit27
```

得

```
x =
    .35696997189122287798839037801365
    .86631809883611811016789809418650 + 1. 21537126646714278013183785 44391 * i
    - .55395176056834560077984413882735 + .35471976465080793456863789934944 * i
    - .98170264842676789676449828873194
    - .55395176056834560077984413882735 - .35471976465080793456863789934944 * i
    .86631809883611811016789809418650 - 1. 21537126646714278013183785 44391 * i
y =
    .93411585960628007548796029415446
    - 1. 49160640756582231748721695 9257 + .70588200721402267753918827138840 * i
    .92933830226674362852985276677202 + .21143822185895923615623381762210 * i
    .19042035099187730240977756415290
```

```
          .92933830226674362852985276677202 - .21143822185895923615623381762210 * i
         - 1.491606407565822317478721695 9257 - .70588200721402267753918827138840 * i
>> eval(x)
ans =
      0.3570
      0.8663 + 1.2154i
     - 0.5540 + 0.3547i
     - 0.9817
     - 0.5540 - 0.3547i
      0.8663 - 1.2154i
>> eval(y)
ans =
      0.9341
     - 1.4916 + 0.7059i
      0.9293 + 0.2114i
      0.1904
      0.9293 - 0.2114i
     - 1.4916 - 0.7059i
```

由以上的输出结果可知,方程组存在 2 组实根,4 组复根。实根可以在图形中表示出来,复根则不可以。编写如下程序:

```
ezplot('x^2 + y^2 - 1',[ - 1.5,1.5])
hold on
ezplot('0.75 * x^3 - y + 0.9',[ - 1.5,1.5])
plot(double(x(1:1)),double(y(1:1)),'k * ');
grid on
```

运行结果,如图 9-6 所示。

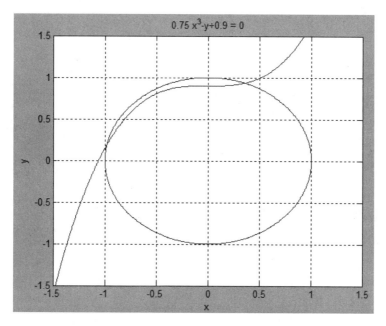

图 9-6　二元非线性方程组的几何表示

由图 9-6 可见,方程 $x^2 + y^2 - 1 = 0$ 对应图中的圆,方程 $0.75x^3 - y + 0.9 = 0$ 对应图中的圆以外的曲线,两曲线共有两个交点,对应于方程组的两组实根。

9.3.3　解三元非线性方程组

【例 9.28】　求以下非线性方程组的解。

$$\begin{cases} au^2 + v^2 = 0 \\ u - v = 1 \\ a^2 - 5a + 6 = 0 \end{cases}$$

解:在 MATLAB 命令窗口,执行命令

```
>> edit overequit28.m
```

将程序修改为

```
% overequit28.m
syms a u v
A = solve('a * u^2 + v^2 = 0','u - v = 1','a^2 - 5 * a + 6 = 0')
```

再执行命令

```
Overequit28
```

得

```
A =
    a: [4x1 sym]
    u: [4x1 sym]
    v: [4x1 sym]
>> Aa = A.a
Aa =
    2
    2
    3
    3
>> Au = A.u
Au =
    1/3 + 1/3 * i * 2 ^ (1/2)
    1/3 - 1/3 * i * 2 ^ (1/2)
    1/4 + 1/4 * i * 3 ^ (1/2)
    1/4 - 1/4 * i * 3 ^ (1/2)
>> Av = A.v
Av =
    - 2/3 + 1/3 * i * 2 ^ (1/2)
    - 2/3 - 1/3 * i * 2 ^ (1/2)
    - 3/4 + 1/4 * i * 3 ^ (1/2)
    - 3/4 - 1/4 * i * 3 ^ (1/2)
```

可见,原方程的变量 a、u、v 各有 4 个根,分别为

$$\begin{cases} a_1 = 2 \\ a_2 = 2 \\ a_3 = 3 \\ a_4 = 3 \end{cases}$$

$$\begin{cases} u_1 = \dfrac{1}{3} + \dfrac{1}{3}\sqrt{2}\,\mathrm{i} \\[2mm] u_2 = \dfrac{1}{3} - \dfrac{1}{3}\sqrt{2}\,\mathrm{i} \\[2mm] u_3 = \dfrac{1}{4} + \dfrac{1}{4}\sqrt{3}\,\mathrm{i} \\[2mm] u_4 = \dfrac{1}{4} - \dfrac{1}{4}\sqrt{3}\,\mathrm{i} \end{cases}$$

$$\begin{cases} v_1 = -\dfrac{2}{3} + \dfrac{1}{3}\sqrt{2}\,\mathrm{i} \\[2mm] v_2 = -\dfrac{2}{3} - \dfrac{1}{3}\sqrt{2}\,\mathrm{i} \\[2mm] v_3 = -\dfrac{3}{4} + \dfrac{1}{4}\sqrt{3}\,\mathrm{i} \\[2mm] v_4 = -\dfrac{3}{4} - \dfrac{1}{4}\sqrt{3}\,\mathrm{i} \end{cases}$$

【例 9.29】 求以下非线性方程组的解。

$$\begin{cases} x^2 - 10 \times x + y^2 + z + 7 = 0 \\ x \times y^2 + z^2 - 2 \times z = 0 \\ x^2 + y^2 - 3 \times y + z^2 = 0 \end{cases}$$

解：

在 MATLAB 命令窗口，执行命令

```
>> edit overequit29.m
```

将程序修改为

```
% overequit29.m
syms x y z real
[x,y,z] = solve('x^2 - 10 * x + y^2 + z + 7 = 0','x * y^2 + z^2 - 2 * z = 0','x^2 + y^2 - 3 * y + z^3 = 0');
x = double(x)
y = double(y)
z = double(z)
```

再执行命令

```
Overequit29
```

得

```
x =
  1.0000
```

```
        0.7645
        8.8025 + 0.3510i
        0.9308 + 0.5201i
       - 0.4910 + 0.4896i
        0.0166 + 0.1510i
       10.0644 - 0.0174i
       - 0.3016 - 0.8975i
        8.7813 - 0.3516i
        1.3148 + 0.1422i
        1.3148 - 0.1422i
        8.7813 + 0.3516i
       - 0.3016 + 0.8975i
       10.0644 + 0.0174i
        0.0166 - 0.1510i
       - 0.4910 - 0.4896i
        0.9308 - 0.5201i
        8.8025 - 0.3510i
y =
        1.0000
        0.2095
        1.2618 + 0.3683i
        1.7099 + 0.8559i
        1.0914 + 3.4712i
        0.1604 + 3.0160i
        0.0260 + 1.7416i
       - 1.7339 + 3.1644i
       - 1.2962 + 0.4011i
       - 1.8243 + 0.2221i
       - 1.8243 - 0.2221i
       - 1.2962 - 0.4011i
       - 1.7339 - 3.1644i
        0.0260 - 1.7416i
        0.1604 - 3.0160i
        1.0914 - 3.4712i
        1.7099 - 0.8559i
        1.2618 - 0.3683i
z =
        1.0000
        0.0169
        2.2077 - 3.5991i
       - 0.4793 + 1.3060i
       - 1.0539 - 2.1999i
        2.2593 + 0.5375i
       - 4.6149 + 0.0859i
       - 2.2950 + 1.4566i
        2.3063 + 3.6989i
        1.1612 + 1.8580i
        1.1612 - 1.8580i
        2.3063 - 3.6989i
       - 2.2950 - 1.4566i
       - 4.6149 - 0.0859i
```

```
      2.2593 - 0.5375i
     -1.0539 + 2.1999i
     -0.4793 - 1.3060i
      2.2077 + 3.5991i
```

这表明,方程组中,每一个变量(x,y,z)分别有 18 个根。或者说原方程共有 18 组解,前两组解分别是:

$$\begin{cases} x_1 = 1.0 \\ y_1 = 1.0 \\ z_1 = 1.0 \end{cases}$$

$$\begin{cases} x_2 = 0.7645 \\ y_2 = 0.2096 \\ z_2 = 0.0196 \end{cases}$$

【例 9.30】　求以下非线性方程组的解。

$$\begin{cases} x^2 + y^2 + z^2 - 1 = 0 \\ 2x^2 + y^2 - 4z = 0 \\ 3x^2 - 4y + z^2 = 0 \end{cases}$$

解:

在 MATLAB 命令窗口,执行命令

```
>> edit overequit30.m
```

将程序修改为

```
% overequit30.m
syms x y z real
[x,y,z] = solve('x^2 + y^2 + z^2 - 1 = 0','2 * x^2 + y^2 - 4 * z = 0','3 * x^2 - 4 * y + z^2 = 0');
double(x)
```

再执行命令

```
Overequit29
```

得

```
ans =
     0.7852
    -0.7852
     0 + 1.5760i
     0 - 1.5760i
     0.3272 - 2.1618i
    -0.3272 + 2.1618i
     0.3272 + 2.1618i
    -0.3272 - 2.1618i
>> double(y)
ans =
     0.4966
     0.4966
```

```
    - 1.8201
    - 1.8201
    - 1.3383 -  2.1379i
    - 1.3383 -  2.1379i
    - 1.3383 +  2.1379i
    - 1.3383 +  2.1379i
>> double(z)
ans =
    0.3699
    0.3699
    - 0.4138
    - 0.4138
    - 2.9781 +  0.7232i
    - 2.9781 +  0.7232i
    - 2.9781 -  0.7232i
    - 2.9781 -  0.7232i
```

这表明,方程组中,每一个变量(x,y,z)分别有 8 个根,4 个实数根,4 个复数根。或者说原方程共有 8 组解,前两组解分别为

$$\begin{cases} x_1 = 0.7852 \\ y_1 = 0.4966 \\ z_1 = 0.3699 \end{cases}$$

$$\begin{cases} x_2 = -0.7852 \\ y_2 = 0.4966 \\ z_2 = 0.3699 \end{cases}$$

9.4　小结

　　本章讨论了超越方程和非线性方程的解法。超越方程包括对数方程、指数方程、三角方程、反三角方程和无理方程以及这些方程的混合方程。非线性方程包括一元非线性方程(就是一元二次以上的方程)、二元非线性方程组和三元非线性方程组。

第10章

用图像法解实系数一元N次方程

众所周知,解方程有多种方法,如因式分解法、配方法、公式法和图像法等。前几章,我们用公式法或近似法解了一元 N 次方程,本章我们用图像法解实系数一元 N 次方程。

所谓图像法就是用 MATLAB 软件的绘图命令,在直角坐标系内画出所解方程的函数图来,看函数的曲线(一元一次函数是直线)与 x 轴有没有交点,没有交点,表明该方程无实数解;有几个交点,就是有几个实数解。在 x 轴上交点的横坐标值就是解的值。

我们知道,一元 N 次方程因方程的系数既可以为实数,也可以为复数,这样一元 N 次方程又可分为两大类:一类是实系数一元 N 次方程,另一类是复系数一元 N 次方程。在直角坐标系内画不出复系数一元 N 次方程的对应图像,故不能用图像法解复系数一元 N 次方程。在用图像法解实系数一元 N 次方程时,图像上曲线和 x 轴的交点反映的是方程的实数解,该方程如果也有复数解,则反映不出来。N 次方程有 N 个解,在用图像法解方程中,当曲线和 x 轴的交点个数不够 N 个时,缺少的那几个解通常为虚数解。

人们常把次数高于二次的方程,称为高次方程。不管是实系数高次方程还是复系数高次方程,N 次方程都有 N 个根。实系数高次方程另有两个特性:一是虚根成对出现,即若 $a+bi$ 是方程的根,则 $a-bi$ 也是方程的根;二是奇数次的实系数方程一定有实根。

函数的图像都是在直角坐标系(又称为笛卡儿坐标系)下画的,以下是一个用 MATLAB 画的直角坐标系图。

【例 10.1】 用 MATLAB 命令画一个直角坐标系图。

解:在 MATLAB 命令窗口,执行命令

```
x = 0;plot([ − 3,3],[0.0,0.0],'r');
hold on;y = − 10:0.01:10;
plot(x,y,'r');grid on
```

执行后,屏幕上就有图形显示出来,如图 10-1 所示。这就是一个平面直角坐标系图,图形范围:$-3 \leqslant x \leqslant 3$, $-10 \leqslant y \leqslant 10$。图中的十字线为坐标系的 x 轴(水平线)和 y 轴(竖直线)。以下的各个例题中的函数图,都是画在这种直角坐标系图上的。由于不同的函数在坐标系图中所处位置不同,为了把每个函数与 x 轴的交点都显示出来,坐标系显示范围在做或大或小、或左或右、或上或下的变动。

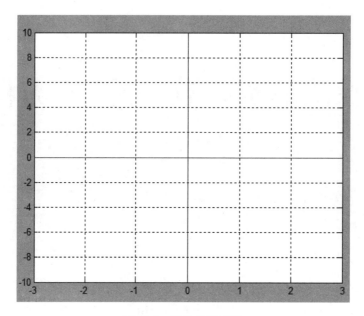

图 10-1　直角坐标系图

10.1　实系数一元一次方程

实系数一元一次方程的一般形式为

$$mx + b = 0$$

式中，m 和 b 都为常数，并且 $m \neq 0$。该方程的解为

$$x = -\frac{b}{m}$$

平面几何中有一条定理：任何直线都可用一个含有变量 x 和 y 的一次方程来表示。反之，任何含有变量 x 和 y 的一次方程都表示一条直线。

实系数一元一次方程，就是含有变量 x 和 y 的一次方程，它的函数图像是一条直线。该直线与 x 轴的相交处的横坐标值就是方程的解。

【例 10.2】　解一元一次方程 $5x-4=0$。

解：先在屏幕上画出一次函数 $y=5x-4$ 的图像。在 MATLAB 命令窗口，执行命令

```
>> edit equit1.m
```

将程序修改为

```
% equit1.m
% 'y = 5x - 4
ezplot('5 * x - 4',[ - 3,3, - 9,9]);
hold on;
x = 0;plot([ - 3,3],[0.0,0.0],'r');
hold on;y = - 10:0.01:10;
```

```
plot(x,y,'r');
title('y = 5x - 4');
ylabel('y');grid on
```

再执行命令

```
equit1
```

屏幕上就有图形显示出来,如图 10-2 所示。这就是一个画在直角坐标系图上的 $y=5x-4$ 函数图。图中的直线与 x 轴的交点大致在 $x=0.8$ 处。所以,原方程的根是 $x\approx0.8$。本题的准确解是 $x=4/5$。

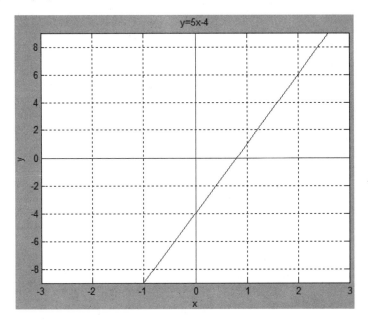

图 10-2 $y=5x-4$ 函数图

【**例 10.3**】 解一元一次方程 $-4x+5=0$。

解:先在屏幕上画出一次函数 $y=-4x+5$ 的图像。在 MATLAB 命令窗口,执行命令

```
>> edit equit2.m
```

将程序修改为

```
% equit2.m
% y = - 4x + 5
ezplot('- 4 * x + 5',[ - 3,3, - 9,9]);
hold on;
x = 0;plot([ - 3,3],[0.0,0.0],'r');
hold on;y = - 10:0.01:10;
plot(x,y,'r');
title('y = - 4x + 5');
ylabel('y');grid on
```

再执行命令

Equit2

屏幕上就有图形显示出来,如图 10-3 所示。这就是一个画在直角坐标系图上的 $y=-4x+5$ 函数图。图中的直线与 x 轴的交点大致在 $x=1.2$ 处。所以,原方程的根是 $x\approx1.2$。本题的准确解是 $x=1.25$。

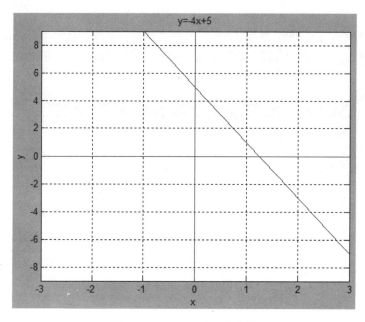

图 10-3 $y=-4x+5$ 函数图

10.2 实系数一元二次方程

【例 10.4】 解一元二次方程 $x^2-x-1=0$。

解:先在屏幕上画出二次函数 $y=x^2-x-1$ 的图像。在 MATLAB 命令窗口,执行命令

```
>> edit equit3.m
```

将程序修改为

```
% equit3.m
% y = x^2 - x - 1
ezplot('x^2-x-1',[-3,3,-2,10]);
hold on;
plot([-3,3],[0.0,0.0],'r'); x = 0;
y = -2:0.01:10;
plot(x,y,'r');
title('y = x^2 - x - 1');
ylabel('y');grid on
```

再执行命令

Equit3

屏幕上就有图形显示出来,如图 10-4 所示。这就是一个画在直角坐标系图上的 $y=x^2-x-1$ 函数图。图中的曲线与 x 轴的交点有两个:一个大致在 $x=1.6$ 处,另一个大致在 $x=-0.6$ 处。所以,原方程的根是 $x_1\approx1.6,x_2\approx-0.6$。本题的准确解是

$$\begin{cases} x_1 = \dfrac{1}{2}+\dfrac{\sqrt{5}}{2}\approx 1.618 \\ x_2 = \dfrac{1}{2}-\dfrac{\sqrt{5}}{2}\approx -0.618 \end{cases}$$

可见,用图像法解方程所得解和实际的解相差不大。

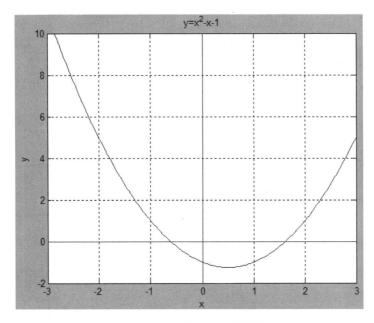

图 10-4　$y=x^2-x-1$ 函数图

【**例 10.5**】　解一元二次方程 $x^2-x+1=0$。

解:先在屏幕上画出二次函数 $y=x^2-x+1$ 的图像。在 MATLAB 命令窗口,执行命令

```
>> edit equit4.m
```

将程序修改为

```
% equit4.m
% y = x2 - x + 1
ezplot('x^2 - x + 1',[ - 3,3, - 2,10]);
hold on;
plot([ - 3,3],[0.0,0.0],'r'); x = 0;
y = - 2:0.01:10;
plot(x,y,'r');
title('y = x^2 - x + 1');
ylabel('y');grid on
```

再执行命令

　　Equit4

　　屏幕上就有图形显示出来,如图 10-5 所示。这就是一个画在直角坐标系图上的 $y=x^2-x+1$ 函数图。图中的曲线与 x 轴没有交点,因此本题没有实数解。本题的解是虚数解:

$$
\begin{cases}
x_1 = \dfrac{1}{2} + \dfrac{\sqrt{3}}{2}\mathrm{i} \\[2mm]
x_2 = \dfrac{1}{2} - \dfrac{\sqrt{3}}{2}\mathrm{i}
\end{cases}
$$

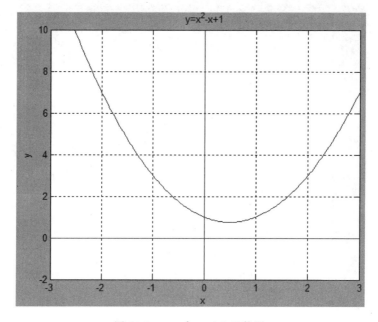

图 10-5　$y=x^2-x+1$ 函数图

【例 10.6】　解一元二次方程 $x^2-2\sqrt{2}\,x+2=0$。

　　解:先在屏幕上画出二次函数 $y=x^2-2\sqrt{2}\,x+2$ 的图像。在 MATLAB 命令窗口,执行命令

　　>> edit equit5.m

将程序修改为

```
% equit5.m
% y = x ^ 2 - 2 * 2 ^ (1/2) * x + 2
ezplot('x^2 - 2 * 2 ^ (1/2) * x + 2',[ - 3,3, - 2,10]);
hold on;
plot([ - 3,3],[0.0,0.0],'r'); x = 0;
y = - 2:0.01:10;
plot(x,y,'r');
title('y = x ^ 2 - 2 * 2 ^ (1/2) * x + 2');
```

```
ylabel('y');grid on
```

再执行命令

```
Equit5
```

屏幕上就有图形显示出来,如图 10-6 所示。这就是一个画在直角坐标系图上的 $y=$ $x^2-2\sqrt{2}x+2$ 函数图。图中的曲线与 x 轴没有交点,只有一个相切点,大致在 $x=1.4$ 处,因此本题有两个相同的实数解,$x_1=x_2\approx1.4$。本题的准确解是 $\begin{cases}x_1=\sqrt{2}\\x_2=\sqrt{2}\end{cases}$。

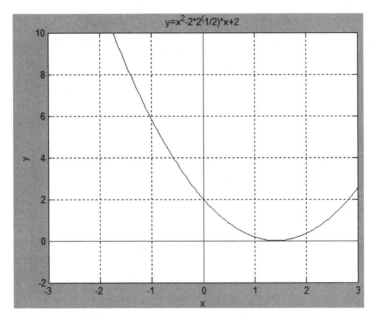

图 10-6　$y=x^2-2\sqrt{2}x+2$ 函数图

【例 10.7】　解一元二次方程 $\left(\dfrac{x}{x+1}\right)^2-5\left(\dfrac{x}{x+1}\right)+6=0$。

解：先在屏幕上画出二次函数 $y=\left(\dfrac{x}{x+1}\right)^2-5\left(\dfrac{x}{x+1}\right)+6$ 的图像。在 MATLAB 命令窗口,执行命令

```
>> edit equit6.m
```

将程序修改为

```
% equit6.m
% y = ( x/(x + 1))^2 - 5 * ( x/(x + 1)) + 6
ezplot('( x/(x + 1))^2 - 5 * ( x/(x + 1)) + 6',[ - 3,3, - 2,10]);
hold on;
plot([ - 3,3],[0.0,0.0],'r'); x = 0;
hold on;y = - 2:0.01:10;
plot(x,y,'r');
title('y = ( x/(x + 1))^2 - 5 * ( x/(x + 1)) + 6');
```

```
% ylablel('y');
grid on
```

再执行命令

```
Equit6
```

屏幕上就有图形显示出来,如图 10-7 所示。这就是一个画在直角坐标系图上的 $y=(x/(x+1))^2-5\times(x/(x+1))+6$ 函数图。图中的曲线与 x 轴有两个交点,一个大致在 $x=-2$ 处,另一个大致在 $x=-1.5$ 处。所以,原方程的根是 $x_1\approx2$,$x_2\approx-1.5$。本题的准确解是 $\begin{cases} x_1=-2 \\ x_2=-3/2 \end{cases}$。

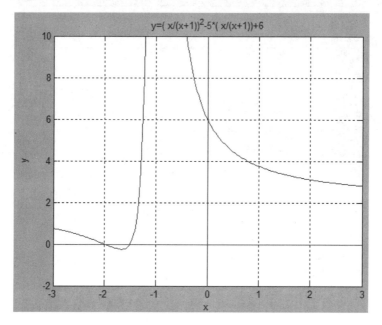

图 10-7　$y=(x/(x+1))^2-5\times(x/(x+1))+6$ 函数图

10.3　实系数一元三次方程

【例 10.8】　解一元三次方程 $x^3-6x+4=0$。

解:先在屏幕上画出三次函数 $y=x^3-6x+4$ 的图像。在 MATLAB 命令窗口,执行命令

```
>> edit equit7.m
```

将程序修改为

```
% equit7.m
% y = x^3 - 6 * x + 4
ezplot('x^3 - 6 * x + 4',[-3,3,-2,10]);
```

```
hold on;
plot([-3,3],[0.0,0.0],'r'); x = 0;
y = -2:0.01:10;
plot(x,y,'r');
title('y = x^3 - 6 * x + 4');
ylabel('y');grid on
```

再执行命令

Equit7

屏幕上就有图形显示出来,如图 10-8 所示。这就是一个画在直角坐标系图上的 $y=x^3-6x+4$ 函数图。图中的曲线与 x 轴有三个交点,一个大致在 $x=2$ 处,一个大致在 $x=0.7$ 处,另一个大致在 $x=-2.7$ 处。所以,原方程的根是 $x_1\approx2$,$x_2\approx0.7$,$x_3\approx-2.7$。本题的准确解为

$$\begin{cases} x_1 = 2 \\ x_2 = \sqrt{3}-1 \approx 0.732 \\ x_3 = -\sqrt{3}-1 \approx -2.732 \end{cases}$$

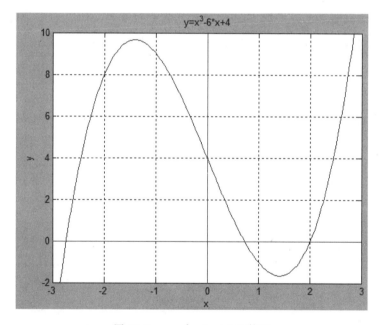

图 10-8　$y=x^3-6x+4$ 函数图

【例 10.9】 解一元三次方程 $x^3-4x^2+6x-4=0$。

解:先在屏幕上画出三次函数 $y=x^3-4x^2+6x-4$ 的图像。在 MATLAB 命令窗口,执行命令

```
>> edit equit8.m
```

将程序修改为

```
% equit8.m
```

```
% y = x^3 - 4 * x^2 + 6 * x - 4
ezplot ('x^3 - 4 * x^2 + 6 * x - 4',[ -1,5, - 2,10]);
hold on;
plot([ - 1,5],[0.0,0.0],'r'); x = 0;
y = - 2:0.01:10;
plot(x,y,'r');
title('y = x^3 - 4 * x^2 + 6 * x - 4');
ylabel('y');grid on
```

再执行命令

Equit8

屏幕上就有图形显示出来,如图 10-9 所示。这就是一个画在直角坐标系图上的 $y = x^3 - 4x^2 + 6x - 4$ 函数图。图中的曲线与 x 轴只有一个交点,大致在 $x=2$ 处。所以,原方程的实数根是 $x_1 \approx 2$。本题的解为

$$\begin{cases} x_1 = 2 \\ x_2 = 1 + i \\ x_3 = 1 - i \end{cases}$$

可见,图像法只能求出方程的实数解,不能求出虚数解。

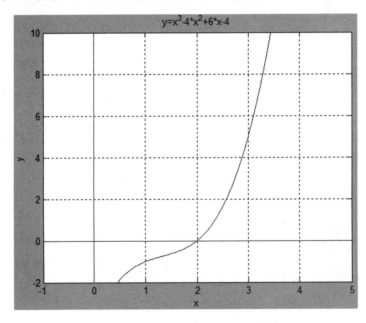

图 10-9　$y = x^3 - 4x^2 + 6x - 4$ 函数图

【例 10.10】　解一元三次方程 $x^3 - 7x^2 + 16x - 12 = 0$。

解:先在屏幕上画出三次函数 $y = x^3 - 7x^2 + 16x - 12$ 的图像。在 MATLAB 命令窗口,执行命令

```
>> edit equit9.m
```

将程序修改为

```
% equit9.m
% y = x ^ 3 - 7 * x ^ 2 + 16 * x - 12
ezplot('x ^ 3 - 7 * x ^ 2 + 16 * x - 12', [ - 1, 5, - 5, 5]);
hold on;
plot([ - 1, 5], [0.0, 0.0], 'r'); x = 0;
y = - 5:0.01:10;
plot(x, y, 'r');
title('y = x ^ 3 - 7 * x ^ 2 + 16 * x - 12');
ylabel('y'); grid on
```

再执行命令

Equit9

屏幕上就有图形显示出来,如图 10-10 所示。这就是一个画在直角坐标系图上的 $y = x^3 - 7x^2 + 16x - 12$ 函数图。图中的曲线与 x 轴有一个交点,大致在 $x=3$ 处,还有一个相切点,大致在 $x=2$ 处。所以,原方程的实数根是 $x_1 \approx 3, x_2 \approx 2, x_3 \approx 2$。本题的解析解为

$$\begin{cases} x_1 = 3 \\ x_2 = 2 \\ x_3 = 2 \end{cases}$$

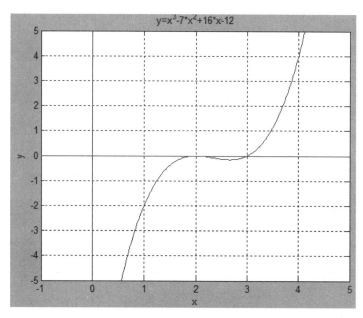

图 10-10 $y = x^3 - 7x^2 + 16x - 12$ 函数图

10.4 实系数一元四次方程

【**例 10.11**】 解一元四次方程 $x^4 + 2x^3 - 12x^2 - 10x - 3 = 0$。

解:先在屏幕上画出四次函数 $y = x^4 + 2x^3 - 12x^2 - 10x - 3$ 的图像。在 MATLAB 命

令窗口，执行命令

```
>> edit equit10.m
```

将程序修改为

```
% equit10.m
% y = x^4 + 2 * x^3 - 12 * x^2 - 10 * x - 3
ezplot('x^4 + 2 * x^3 - 12 * x^2 - 10 * x - 3',[-5,5,-60,5]);
hold on;
plot([-5,5],[0.0,0.0],'r'); x = 0;
y = -60:0.01:10;
plot(x,y,'r');
title('y = x^4 + 2 * x^3 - 12 * x^2 - 10 * x - 3');
ylabel('y');grid on
```

再执行命令

```
Equit10
```

屏幕上就有图形显示出来，如图 10-11 所示。这就是一个画在直角坐标系图上的 $y = x^4 + 2x^3 - 12x^2 - 10x - 3$ 函数图。图中的曲线与 x 轴有两个交点，一个大致在 $x = 3.1$ 处，另一个大致在 $x = -4.3$ 处。所以，原方程的两个实数根是 $x_1 \approx 3.1, x_2 \approx -4.3$。本题的全部数值解为

$$\begin{cases} x_1 = -0.39 + 0.27i \\ x_2 = -0.39 - 0.27i \\ x_3 = 3.07 \\ x_4 = -4.29 \end{cases}$$

可见，本题有两个实数解，两个虚数解。两个虚数互为共轭虚数。图形上只能反映实数解。

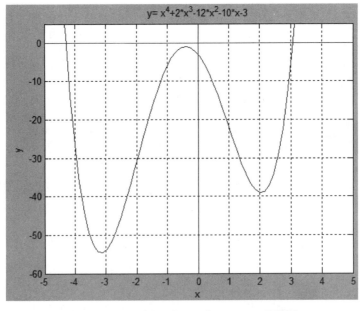

图 10-11　$y = x^4 + 2x^3 - 12x^2 - 10x - 3$ 函数图

【**例 10.12**】 解一元四次方程 $x^4 - 6x^2 + 8x - 3 = 0$。

解：先在屏幕上画出四次函数 $y = x^4 - 6x^2 + 8x - 3$ 的图像。在 MATLAB 命令窗口，执行命令

```
>> edit equit11.m
```

将程序修改为

```
% equit11.m
% y = x^4 - 6*x^2 + 8*x - 3
ezplot('x^4 - 6*x^2 + 8*x - 3',[-5,5,-30,10]);
hold on;
plot([-5,5],[0.0,0.0],'r'); x = 0;
y = -30:0.01:10;
plot(x,y,'r');
title('y = x^4 - 6*x^2 + 8*x - 3');
ylabel('y');grid on
```

再执行命令

```
Equit11
```

屏幕上就有图形显示出来，如图 10-12 所示。这就是一个画在直角坐标系图上的 $y = x^4 - 6x^2 + 8x - 3$ 函数图。图中的曲线与 x 轴有一个交点，大致在 $x = -3$ 处，还有一个相切点，大致在 $x = 1$ 处。所以，原方程的 4 个实数根是 $x_1 \approx -3$，$x_2 = x_3 = x_4 \approx 1$。本题的全部数值解为

$$\begin{cases} x_1 = -3 \\ x_2 = 1 \\ x_3 = 1 \\ x_4 = 1 \end{cases}$$

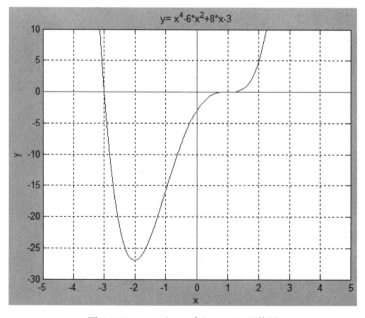

图 10-12 $y = x^4 - 6x^2 + 8x - 3$ 函数图

【例 10.13】 解一元四次方程 $x^4 - 2x^2 + 4 = 0$。

解：先在屏幕上画出四次函数 $y = x^4 - 2x^2 + 4$ 的图像。在 MATLAB 命令窗口，执行命令

```
>> edit equit12.m
```

将程序修改为

```
% equit12.m
% y = x^4 - 2 * x^2 + 4
ezplot('x^4 - 2 * x^2 + 4', [-4, 4, -5, 15]);
hold on;
plot([-4, 4], [0.0, 0.0], 'r'); x = 0;
y = -5:0.01:15;
plot(x, y, 'r');
title('y = x^4 - 2 * x^2 + 4');
ylabel('y'); grid on
```

再执行命令

```
Equit12
```

屏幕上就有图形显示出来，如图 10-13 所示。这就是一个画在直角坐标系图上的 $y = x^4 - 2x^2 + 4$ 函数图。图中的曲线与 x 轴没有交点。所以，原方程没有实数根。本题的全部数值解为

$$\begin{cases} x_1 = -1.22 - 0.71i \\ x_2 = 1.22 + 0.71i \\ x_3 = -1.22 + 0.71i \\ x_4 = 1.22 - 0.71i \end{cases}$$

可见，方程的 4 个解全是虚数解，由两对共轭虚数组成。

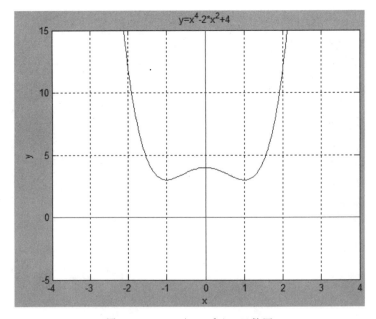

图 10-13　$y = x^4 - 2x^2 + 4$ 函数图

10.5 实系数一元五次方程

【例 10.14】 解一元五次方程 $3x^5+x^4-7x^3+7x^2-2x+1=0$。

解: 先在屏幕上画出五次函数 $y=3x^5+x^4-7x^3+7x^2-2x+1$ 的图像。在 MATLAB 命令窗口,执行命令

```
>> edit equit13.m
```

将程序修改为

```
% equit13.m
% y = 3 * x^5 + x^4 - 7 * x^3 + 7 * x^2 - 2 * x + 1
ezplot('3 * x^5 + x^4 - 7 * x^3 + 7 * x^2 - 2 * x + 1',[ - 3,3, - 2,30]);
hold on;
x = 0;plot([ - 3,3],[0.0,0.0],'r');
hold on;y = - 10:0.01:30;
plot(x,y,'r');
title('y = 3 * x^5 + x^4 - 7 * x^3 + 7 * x^2 - 2 * x + 1');
ylabel('y');grid on
```

再执行命令

```
Equit13
```

屏幕上就有图形显示出来,如图 10-14 所示。这就是一个画在直角坐标系图上的 $y=3x^5+x^4-7x^3+7x^2-2x+1$ 函数图。图中的曲线与 x 轴有一个交点,大致在 $x=-2.1$ 处。

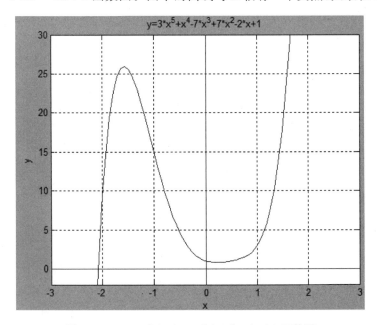

图 10-14 $y=3x^5+x^4-7x^3+7x^2-2x+1$ 函数图

所以,原方程有一个实数根是 $x_1 \approx -2.1$。本题的全部数值解为

$$\begin{cases} x_0 = 0.8112 + 0.5243i \\ x_1 = 0.0635 + 0.4092i \\ x_2 = -2.0829 \\ x_3 = 0.0636 - 0.4092i \\ x_4 = 0.8112 - 0.5243i \end{cases}$$

本题除了有一个实数根外,其余的 4 个解全是虚数解,由两对共轭虚数组成。

【例 10.15】 解一元五次方程 $x^5 - 1 = 0$。

解:先在屏幕上画出五次函数 $y = x^5 - 1$ 的图像。在 MATLAB 命令窗口,执行命令

```
>> edit equit14.m
```

将程序修改为

```
% equit14.m
% y = x^5 - 1
ezplot('x^5 - 1',[ - 3,3, - 10,10]);
hold on;
x = 0;plot([ - 3,3],[0.0,0.0],'r');
hold on;y = - 10:0.01:10;
plot(x,y,'r');
title('y = x^5 - 1');
ylabel('y');grid on
```

再执行命令

```
Equit14
```

屏幕上就有图形显示出来,如图 10-15 所示。这就是一个画在直角坐标系图上的 $y = x^5 - 1$ 函数图。图中的曲线与 x 轴有一个交点,大致在 $x = 1$ 处。所以,原方程有一个实数

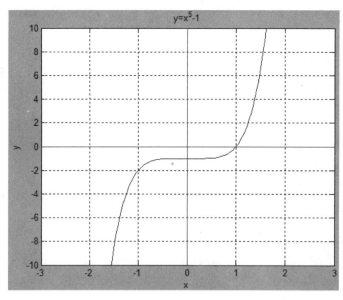

图 10-15　$y = x^5 - 1$ 函数图

根是 $x_1 \approx 1$。本题的全部数值解为

$$\begin{cases} x_0 = 1.0000 \\ x_1 = 0.3090 + 0.9511i \\ x_2 = -0.8090 + 0.5878i \\ x_3 = -0.8090 - 0.5878i \\ x_4 = 0.3090 - 0.9511i \end{cases}$$

可见,本题除一个实数根 1 外,其余 4 个全是虚数根,由两对共轭虚数组成。

10.6　实系数一元六次方程

【例 10.16】　解一元六次方程 $x^6 - 5x^5 + 3x^4 + x^3 - 7x^2 + 7x - 20 = 0$。

解：先在屏幕上画出六次函数 $y = x^6 - 5x^5 + 3x^4 + x^3 - 7x^2 + 7x - 20$ 的图像。在 MATLAB 命令窗口,执行命令

```
>> edit equit15.m
```

将程序修改为

```
% equit15.m
% y = x^6 - 5 * x^5 + 3 * x^4 + x^3 - 7 * x^2 + 7 * x - 20
ezplot('x^6 - 5 * x^5 + 3 * x^4 + x^3 - 7 * x^2 + 7 * x - 20',[ - 6,6, - 350,10]);
hold on;
x = 0;plot([ - 9,9],[0.0,0.0],'r');
hold on;y = - 350:0.01:10;
plot(x,y,'r');
title('y = x^6 - 5 * x^5 + 3 * x^4 + x^3 - 7 * x^2 + 7 * x - 20');
ylabel('y');grid on
```

再执行命令

```
Equit15
```

屏幕上就有图形显示出来,如图 10-16 所示。这就是一个画在直角坐标系图上的 $y = x^6 - 5x^5 + 3x^4 + x^3 - 7x^2 + 7x - 20$ 函数图。图中的曲线与 x 轴有两个交点,一个大致在 $x = 4.3$ 处,另一个大致在 $x = -1.3$ 处。所以,原方程的两个实数根是 $x_1 \approx 4.3, x_2 \approx -1.3$。本题的全部数值解为

$$\begin{cases} x_0 = 4.3338 \\ x_1 = 1.1840 + 0.9361i \\ x_2 = -0.1496 + 1.1925i \\ x_3 = -1.4025 \\ x_4 = -0.1496 - 1.1925i \\ x_5 = 1.1840 - 0.9361i \end{cases}$$

可见,用图像法解方程得到的实数根,不论个数还是每一个数的大小,都和实际根相差

不大。本题有 2 个实数根,4 个虚数根,后者由两对共轭虚数组成。

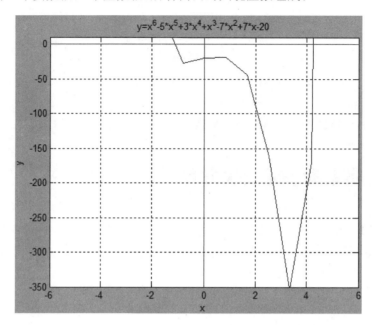

图 10-16　$y=x^6-5x^5+3x^4+x^3-7x^2+7x-20$ 函数图

10.7　实系数一元七次方程

【例 10.17】　解一元七次方程 $x^7-5x^6+3x^5+x^4-7x^3+7x^2-20x+1=0$。

解:　先在屏幕上画出七次函数 $y=x^7-5x^6+3x^5+x^4-7x^3+7x^2-20x+1=0$ 的图像。在 MATLAB 命令窗口,执行命令

```
>> edit equit16.m
```

将程序修改为

```
% equit16.m
% y = x^7 - 5 * x^6 + 3 * x^5 + x^4 - 7 * x^3 + 7 * x^2 - 20 * x + 1
ezplot('x^7 - 5 * x^6 + 3 * x^5 + x^4 - 7 * x^3 + 7 * x^2 - 20 * x + 1',[ - 6,6, - 20,30]);
hold on;
x = 0;plot([ - 9,9],[0.0,0.0],'r');
hold on;y = - 20:0.01:30;
plot(x,y,'r');
title('y = x^7 - 5 * x^6 + 3 * x^5 + x^4 - 7 * x^3 + 7 * x^2 - 20 * x + 1');
ylabel('y');grid on
```

再执行命令

```
Equit16
```

屏幕上就有图形显示出来,如图 10-17 所示。这就是一个画在直角坐标系图上的 $y=$

$x^7-5x^6+3x^5+x^4-7x^3+7x^2-20x+1$ 函数图。图中的曲线与 x 轴有三个交点,一个大致在 $x=4.3$ 处,一个大致在 $x=0.1$ 处,另一个大致在 $x=-1.4$ 处。所以,原方程的三个实数根是 $x_1\approx4.3, x_2\approx0.1, x_3\approx-1.4$。本题的全部数值解为

$$\begin{cases} x_0 = 0.0509 \\ x_1 = 4.3336 \\ x_2 = 1.1723+0.9360i \\ x_3 = -0.1606+1.1859i \\ x_4 = -1.4079 \\ x_5 = -0.1606+1.1859i \\ x_6 = 1.1723-0.9360i \end{cases}$$

可见,用图像法解出的三个实数解都和实际值很接近。通过上面一元三次、五次、七次方程的例题,也验证了"奇数次的实系数方程一定有实根"特性。

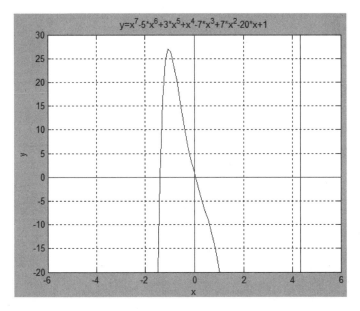

图 10-17　$y=x^7-5x^6+3x^5+x^4-7x^3+7x^2-20x+1$ 函数图

10.8　实系数一元八次方程

【例 10.18】　解一元八次方程 $x^8+x^7-5x^6+3x^5+x^4-7x^3+7x^2-20x+1=0$。

解:先在屏幕上画出八次函数 $y=x^8+x^7-5x^6+3x^5+x^4-7x^3+7x^2-20x+1$ 的图像。在 MATLAB 命令窗口,执行命令

```
>> edit equit17.m
```

将程序修改为

```
% equit17.m
```

```
% y = x^8 + x^7 - 5 * x^6 + 3 * x^5 + x^4 - 7 * x^3 + 7 * x^2 - 20 * x + 1
ezplot('x^8 + x^7 - 5 * x^6 + 3 * x^5 + x^4 - 7 * x^3 + 7 * x^2 - 20 * x + 1',[ - 4,4, - 30,30]);
hold on;
x = 0;plot([ - 4,4],[0.0,0.0],'r');
hold on;y = - 30:0.01:30;
plot(x,y,'r');
title('y = x^8 + x^7 - 5 * x^6 + 3 * x^5 + x^4 - 7 * x^3 + 7 * x^2 - 20 * x + 1');
ylabel('y');grid on
```

再执行命令

Equit17

屏幕上就有图形显示出来,如图 10-18 所示。这就是一个画在直角坐标系图上的 $y = x^8 + x^7 - 5x^6 + 3x^5 + x^4 - 7x^3 + 7x^2 - 20x + 1$ 函数图。图中的曲线与 x 轴有 4 个交点,从左到右依次大致在 $x=1.8$ 处,在 $x=0.1$ 处,在 $x=-1.5$ 处和在 $x=-2.9$ 处。所以,原方程的 4 个实数根是 $x_1 \approx 1.8, x_2 \approx 0.1, x_3 \approx -1.5, x_4 \approx -2.9$。本题的全部数值解为

$$\begin{cases} x_0 = 0.0509 \\ x_1 = 1.7345 \\ x_2 = 0.9719 + 0.9964i \\ x_3 = -0.1597 - 1.1416i \\ x_4 = -1.5278 \\ x_5 = -2.8821 \\ x_6 = -0.1597 + 1.1416i \\ x_7 = 0.9719 - 0.9964i \end{cases}$$

可见,本题有 4 个实数根,4 个虚数根,后者由两对共轭虚数组成。用图像法解出的 4 个实数解和实际值很接近。

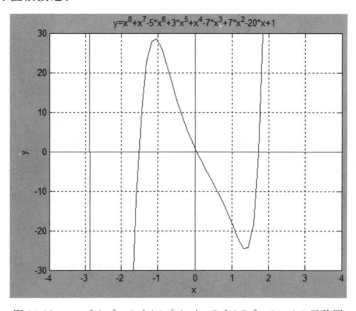

图 10-18　$y = x^8 + x^7 - 5x^6 + 3x^5 + x^4 - 7x^3 + 7x^2 - 20x + 1$ 函数图

10.9　小结

本章我们用图像法解实系数一元 N 次方程,从一元一次方程到一元八次方程。用图像法不能解复系数一元 N 次方程。所谓图像法解方程就是用 MATLAB 软件的绘图命令,在直角坐标系内画出所解方程的函数图来,看函数的曲线与 x 轴有没有交点,没有交点,表明该方程无实数解;有几个交点,就是有几个实数解。在 x 轴上交点的横坐标值就是解的值。

这里有一个数学概念——虚数要重申一下,复数包括实数和虚数,如在 $x+y\mathrm{i}$ 中,x 是实部,$y\mathrm{i}$ 是虚部,y 是虚部系数,符号 i 称为虚数单位,$\mathrm{i}=\sqrt{-1}$。只有实部的数称为实数(如2),既有实部又有虚部的数称为虚数(如 $3+4\mathrm{i}$),只有虚部的数称为纯虚数(如 $-5\mathrm{i}$)。

第11章

用图像法解实系数N元一次方程组

N 元一次方程组,包括一元一次方程、二元一次方程组、三元一次方程组等。

前面我们用图像法解过一元一次方程,实系数一元一次方程的图像是一条直线。该直线与 x 轴的相交处的横坐标值就是方程的解。

本章用图像法解二元一次方程组和三元一次方程组。

11.1 实系数二元一次方程组

二元一次方程组,包含两个含有变量 x 和 y 的一次方程。也就是说它们的图像是两条直线。这两条直线的交点的横坐标值 x 和纵坐标值 y 就是方程组的解。

所谓图像法解二元一次方程组就是用 MATLAB 软件的绘图命令,在同一直角坐标系内画出两个线性方程各自代表的直线,看两条直线有没有交点,若有交点,则该交点的横坐标值 x 和纵坐标值 y 是方程的唯一的一组解。若两条直线是平行线,没有交点,则表明该方程组无解;若两条直线重合到一起了,则表明原方程组有无穷多组解。

这种方法用处不小,唯一的缺点是解的准确度有所限制。

【例 11.1】 解二元一次方程组。

$$\begin{cases} 5x - y = 4 \\ 4x + y = 5 \end{cases}$$

解:先在屏幕上画出函数 $y=5x-4$ 和 $y=-4x+5$ 的图像。在 MATLAB 命令窗口,执行命令

```
>> edit equitt1.m
```

将程序修改为

```
% equitt1.m
% 'y = 5x - 4 y = - 4x + 5
ezplot('5 * x - 4', [ - 3, 3, - 9, 9]);
```

```
hold on;
ezplot('-4*x+5',[-3,3,-9,9]);
hold on;
x=0; plot([-3,3],[0.0,0.0],'r');
hold on;y=-10:0.01:10;
plot(x,y,'r');
title('y=5x-4 y=-4x+5');
ylabel('y');grid on
```

再执行命令

Equitt1

屏幕上就有图形显示出来,如图 11-1 所示。这就是一个画在直角坐标系图上的 $y=5x-4$ 和 $y=-4x+5$ 函数图。图中的两条直线交点,大致在 $x=1,y=1$ 处。所以,原方程的根是 $x\approx1,y\approx1$。本题的准确解为

$$\begin{cases} x=1 \\ y=1 \end{cases}$$

可见,用图像法解二元一次方程组所得解和实际的解非常一致。

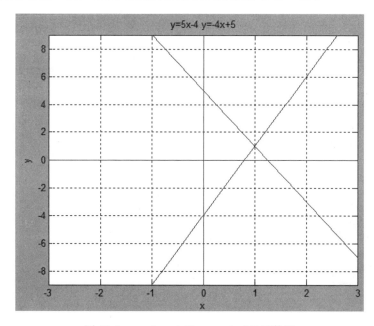

图 11-1　$y=5x-4$ 和 $y=-4x+5$ 函数图

【例 11.2】　解二元一次方程组。

$$\begin{cases} 2x+y=4 \\ 6x+y=-4 \end{cases}$$

解:先在屏幕上画出一次函数 $2x+y=4$ 和 $6x+y=-4$ 的图像。在 MATLAB 命令窗口,执行命令

>> edit equitt2.m

将程序修改为

```
% equitt2.m
% '2x + y = 4 6x + y = - 4
ezplot('4 - 2 * x',[ - 3,3, - 9,9]);
hold on;ezplot(' - 6 * x - 4',[ - 3,3, - 9,9]);
hold on;
x = 0;plot([ - 3,3],[0.0,0.0],'r');
hold on;y = - 10:0.01:10;
plot(x,y,'r');
title('2x + y = 4 6x + y = - 4');
ylabel('y');grid on
```

再执行命令

```
Equitt2
```

屏幕上就有图形显示出来,如图 11-2 所示。这就是一个画在直角坐标系图上的 $2x+y=$ 4 和 $6x+y=-4$ 函数图。图中的两条直线交点,大致在 $x=-2,y=8$ 处。所以,原方程的根是 $x\approx-2,y\approx8$。本题的准确解为

$$\begin{cases} x = -2 \\ y = 8 \end{cases}$$

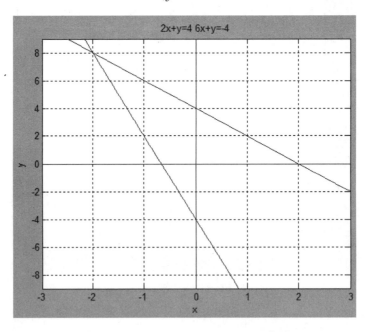

图 11-2 $2x+y=4$ 和 $6x+y=-4$ 函数图

【例 11.3】 解二元一次方程组。

$$\begin{cases} 3x + 3y = 5 \\ -4x + 6y = 7 \end{cases}$$

解:先在屏幕上画出一次函数 $3x+3y=5$ 和 $-4x+6y=7$ 的图像。在 MATLAB 命令

窗口,执行命令

```
>> edit equitt3.m
```

将程序修改为

```
% equitt3.m
% '3x + 3y = 5 - 4x + 6y = 7
ezplot('(5 - 3 * x)/3',[ - 3,3, - 9,9]);
hold on;ezplot('(7 + 4 * x)/6',[ - 3,3, - 9,9]);
hold on;
x = 0;plot([ - 3,3],[0.0,0.0],'r');
hold on;y = - 10:0.01:10;
plot(x,y,'r');
title('3x + 3y = 5 - 4x + 6y = 7');
ylabel('y');
grid on
```

再执行命令

```
Equitt3
```

屏幕上就有图形显示出来,如图 11-3 所示。这就是画在直角坐标系图上的 $3x+3y=5$ 和 $-4x+6y=7$ 函数图。图中的两条直线交点,大致在 $x=0.3,y=1.3$ 处。所以,原方程的解是 $x\approx0.3,y\approx1.3$。本题的准确解为

$$\begin{cases} x = 0.3 \\ y = 1.3667 \end{cases}$$

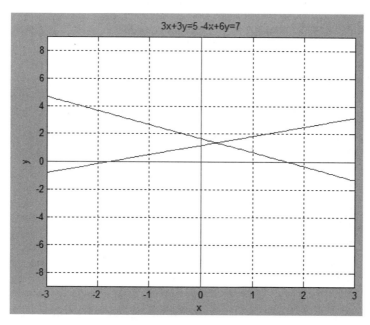

图 11-3　$3x+3y=5$ 和 $-4x+6y=7$ 函数图

【例 11.4】 解二元一次方程组。

$$\begin{cases} 2x + 3y = 5 \\ 4x + 6y = 25 \end{cases}$$

解：先在屏幕上画出一次函数 $2x+3y=5$ 和 $4x+6y=25$ 的图像。在 MATLAB 命令窗口,执行命令

```
>> edit equitt4.m
```

将程序修改为

```
% equitt4.m
% '2x + 3y = 5 4x + 6y = 25
ezplot('(5 - 2 * x)/3',[ - 3,3, - 9,9]);
hold on;ezplot('(25 - 4 * x)/6',[ - 3,3, - 9,9]);
hold on;
x = 0;plot([ - 3,3],[0.0,0.0],'r');
hold on;y = - 10:0.01:10;
plot(x,y,'r');
title('2x + 3y = 5 4x + 6y = 25');
ylabel('y');grid on
```

再执行命令

```
Equitt4
```

屏幕上就有图形显示出来,如图 11-4 所示。这就是画在直角坐标系图上的 $2x+3y=5$ 和 $4x+6y=25$ 函数图。图中的两条直线是平行线,没有交点,所以原方程无解。用公式法等其他方法解本题,结果也无解。

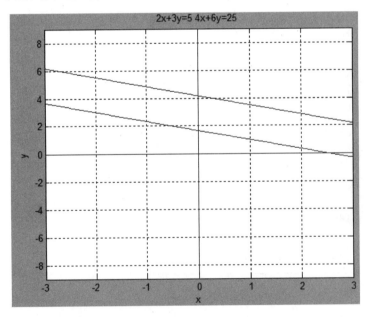

图 11-4　$2x+3y=5$ 和 $4x+6y=25$ 函数图

【例 11.5】 解二元一次方程组。

$$\begin{cases} 2x + 3y = 5 \\ 6x + 9y = 15 \end{cases}$$

解：先在屏幕上画出一次函数 $2x+3y=5$ 和 $6x+9y=15$ 的图像。在 MATLAB 命令窗口,执行命令

```
>> edit equitt5.m
```

将程序修改为

```
% equitt5.m
% '2x + 3y = 5 6x + 9y = 15
ezplot('(5 - 2 * x)/3',[ - 3,3, - 9,9]);
hold on;ezplot('(15 - 6 * x)/9',[ - 3,3, - 9,9]);
hold on;
x = 0; plot([ - 3,3],[0.0,0.0],'r');
hold on;y = - 10:0.01:10;
plot(x,y,'r');
title('2x + 3y = 5 6x + 9y = 15');
ylabel('y');grid on
```

再执行命令

```
Equitt5
```

屏幕上就有图形显示出来,如图 11-5 所示。这就是画在直角坐标系图上的 $2x+3y=5$ 和 $6x+9y=15$ 函数图。图中只能看到一条直线,两个一次函数怎么只有一根直线?原来两条直线重合到一起了。故,原方程有无穷多组解。用公式法等其他方法解本题,结果也是无穷多组解。

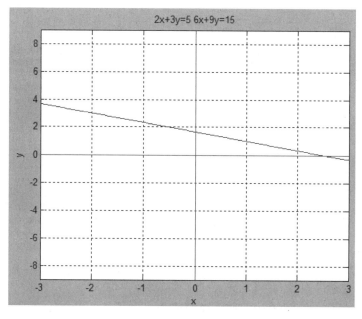

图 11-5 $2x+3y=5$ 和 $6x+9y=15$ 函数图

11.2 实系数三元一次方程组

解析几何定理：每一平面可以用一个含 x,y,z 的三元一次线性方程表示。反之，每一个含 x,y,z 的三元一次方程代表一个平面。

设平面的一般方程为

$$Ax + By + Cz + D = 0$$

其中，A、B、C、D 不同时为 0。

三元一次方程组，包含三个含有变量 x、y 和 z 的三元一次方程。也就是说它们的图像是三个平面。如果这三个平面有一个交点，该交点的 x 坐标值、y 坐标值和 z 坐标值就是方程的唯一的一组解。

所谓图像法解三元一次方程组就是用 MATLAB 软件的绘图命令，在空间直角坐标系内画出所解方程包括三个平面的函数图来，看三个平面有没有唯一交点，如有，该交点的 x 坐标值、y 坐标值和 z 坐标值就是方程的唯一的一组解。如果三个平面中至少有两个平面是平行的，没有公共交点，表明该方程组无解；如果三个平面交于一直线或三个平面重合到一起了，表明原方程组有无穷多组解。

设实系数三元一次方程组为

$$\begin{cases} a_1 x + b_1 y + c_1 z = d_1 \\ a_2 x + b_2 y + c_2 z = d_2 \\ a_3 x + b_3 y + c_3 z = d_3 \end{cases}$$

每一个三元一次方程代表一个三维空间的平面。三平面之间共有不同的 8 种位置，如图 11-6 所示。

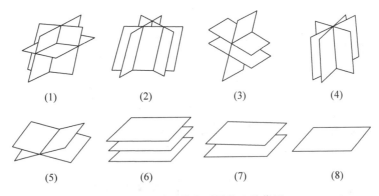

(1)   (2)   (3)   (4)

(5)   (6)   (7)   (8)

图 11-6 三平面共有不同的 8 种位置

（1）三平面交于一点。此时方程有唯一的一组解。

（2）三平面中任意两平面的交线与另一平面平行。

（3）三平面中有两平面平行，另一平面与两平行平面各相交于一直线。

（4）三平面交于一直线，并且互异。

（5）三平面交于一直线，其中有两平面相重合。

（6）三平面平行，并且互异。

（7）三平面平行，其中有两平面相重合。

（8）三平面相重合。

其中，位置（1），方程有唯一的一组解；位置（4）、（5）、（8），方程有无穷多组解；位置（2）、（3）、（6）、（7），方程无解。

【例 11.6】　在空间直角坐标系内，画出以下给定平面方程的平面图。

$$2x + y - z = 6$$

解：在 MATLAB 命令窗口，执行命令

```
>> edit equitt6.m
```

将程序修改为

```
% equitt6.m
[x,y] = meshgrid( - 1:0.1:1);
z = 2 * x + y - 6;
c = rand(size(z));
surf(x,y,z,c);
colormap(cool);
colorbar;
```

再执行命令

```
Equitt6
```

屏幕上就有图形显示出来，如图 11-7 所示。这就是一个画在空间直角坐标系图上的 $2x + y - z = 6$ 平面图。

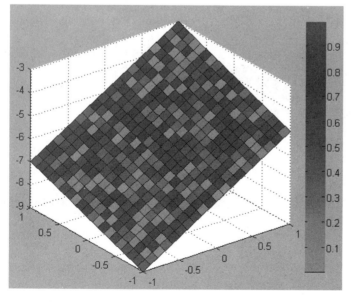

图 11-7　在空间直角坐标系上的 $2x + y - z = 6$ 平面图

【例11.7】　在空间直角坐标系内,画出以下两个给定平面方程的平面图。
$$2x + y - z = 6, \quad x + 2y + z = 4$$

解：在 MATLAB 命令窗口,执行命令

```
>> edit equitt7.m
```

将程序修改为

```
% equitt7.m
[x,y] = meshgrid( - 1:0.1:1);
z = 2 * x + y - 6;
c = rand(size(z));
surf(x,y,z,c);
hold on;
z = 4 - x - 2 * y;
c = rand(size(z));
surf(x,y,z,c);
colormap(cool);
colorbar;
```

再执行命令

```
Equitt7
```

屏幕上就有图形显示出来,如图 11-8 所示。这就是一个画在空间直角坐标系图上的
$2x+y-z=6$ 和 $x+2y+z=4$ 平面图。

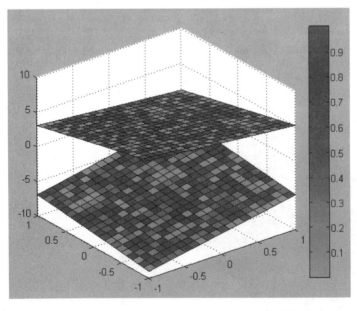

图 11-8　$2x+y-z=6$ 和 $x+2y+z=4$ 平面图

【例11.8】　解下列三元一次方程组。
$$\begin{pmatrix} 2 & 2 & -3 \\ 1 & 2 & 1 \\ 3 & 9 & 2 \end{pmatrix} \begin{pmatrix} x \\ y \\ z \end{pmatrix} = \begin{pmatrix} 9 \\ 4 \\ 19 \end{pmatrix}$$

解：先在空间直角坐标系内画出三个平面，$2x+2y-3z=9$、$x+2y+z=4$ 和 $3x+9y+2z=19$ 的图像。在 MATLAB 命令窗口，执行命令

```
>> edit equitt8.m
```

将程序修改为

```
% equitt8.m
[x,y] = meshgrid( -1:0.1:1);
z = (2 * x + 2 * y - 9)/3;
c = rand(size(z));
surf(x,y,z,c);
hold on;
z = 4 - x - 2 * y;
c = rand(size(z));
surf(x,y,z,c);
hold on;
z = (19 - 3 * x - 9 * y)/2;
c = rand(size(z));
surf(x,y,z,c);
colormap(cool);
colorbar;
```

再执行命令

```
Equitt8
```

屏幕上就有图形显示出来，如图 11-9 所示。这就是一个画在空间直角坐标系图上的 $2x+2y-3z=9$、$x+2y+z=4$ 和 $3x+9y+2z=19$ 三平面图像。在图中能看到三个平面似乎叠在一起，看不出它们是否交于一点。用其他方法，解得本题结果为

$$\begin{cases} x=1 \\ y=2 \\ z=-1 \end{cases}$$

附：用公式法解本题步骤及结果

```
A = [2 2 -3;1 2 1;3 9 2]
B = [9,4,19]'
X = A\B
A =
    2    2    -3
    1    2     1
    3    9     2
B =
    9
    4
    19
X =
    1.0000
    2.0000
   -1.0000
```

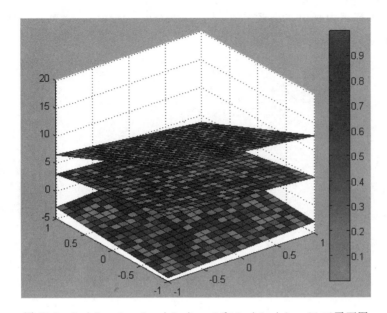

图 11-9 $2x+2y-3z=9$、$x+2y+z=4$ 和 $3x+9y+2z=19$ 三平面图

【例 11.9】 解下列三元一次方程组

$$\begin{bmatrix} 1 & 1 & -1 \\ 1 & -1 & 1 \\ 1 & 0 & 1 \end{bmatrix} \begin{bmatrix} x \\ y \\ z \end{bmatrix} = \begin{bmatrix} 0 \\ 1 \\ 2 \end{bmatrix}$$

解：先在空间直角坐标系内画出三个平面，$x+y-z=0$、$x-y+z=1$ 和 $x+z=2$ 的图像。在 MATLAB 命令窗口，执行命令

```
>> edit equitt9.m
```

将程序修改为

```
% equitt9.m
[x,y] = meshgrid( -1:0.1:1);
z = x + y;
c = rand(size(z));
surf(x,y,z,c);
hold on;
z = 1 - x + y;
c = rand(size(z));
surf(x,y,z,c);
hold on;
z = 2 - x;
c = rand(size(z));
surf(x,y,z,c);
hold on;colormap(cool);
colorbar;
```

再执行命令

```
Equitt9
```

屏幕上就有图形显示出来,如图 11-10 所示。这就是一个画在空间直角坐标系图上的 $x+y-z=0$、$x-y+z=1$ 和 $x+z=2$ 三平面图像。在图中能看到三个平面似乎交叉重叠在一起,看不出它们是否交于一点。用其他方法,解得本题结果为

$$\begin{cases} x = 1/2 \\ y = 1 \\ z = 3/2 \end{cases}$$

附:用公式法解本题步骤及结果

```
A = [1 1 -1;1 -1 1;1 0 1]
B = [0,1,2]'
X = A\B
A =
     1      1     -1
     1     -1      1
     1      0      1
B =
     0
     1
     2
X =
    0.5000
    1.0000
    1.5000
```

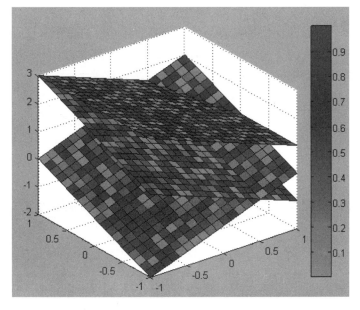

图 11-10 $x+y-z=0$、$x-y+z=1$ 和 $x+z=2$ 三平面图

【例 11.10】 解下列三元一次方程组。

$$\begin{bmatrix} -1 & 1 & 1 \\ 1 & -1 & 1 \\ 1 & 1 & -1 \end{bmatrix} \begin{bmatrix} x \\ y \\ z \end{bmatrix} = \begin{bmatrix} 1 \\ -1 \\ 1 \end{bmatrix}$$

解：先在空间直角坐标系内画出三个平面，$x-y-z=-1$、$-x+y-z=1$ 和 $x+y-z=1$ 的图像。在 MATLAB 命令窗口，执行命令

```
>> edit equitt10.m
```

将程序修改为

```
% equitt10.m
[x,y] = meshgrid( -1:0.1:1);
z = 1 + x - y;
c = rand(size(z));
surf(x,y,z,c);
hold on;
z = -x + y - 1;
c = rand(size(z));
surf(x,y,z,c);
hold on;
z = - (1 - x - y);
c = rand(size(z));
surf(x,y,z,c);
hold on;colormap(cool);
colorbar;
```

再执行命令

```
Equitt10
```

屏幕上就有图形显示出来，如图 11-11 所示。这就是一个画在空间直角坐标系图上的 $x-y-z=-1$、$-x+y-z=1$ 和 $x+y-z=1$ 三平面图像。在图中能看到三个平面似乎交叉重叠在一起，看不出它们是否交于一点。用其他方法，解得本题结果为

$$\begin{cases} x = 0 \\ y = 1 \\ z = 0 \end{cases}$$

附：用公式法解本题步骤及结果

```
A = [ -1 1 1;1 -1 1;1 1 -1]
B = [1, -1,1]'
X = A\B
A =
    -1     1     1
     1    -1     1
     1     1    -1
B =
     1
    -1
```

```
         1
X =
         0
         1
         0
```

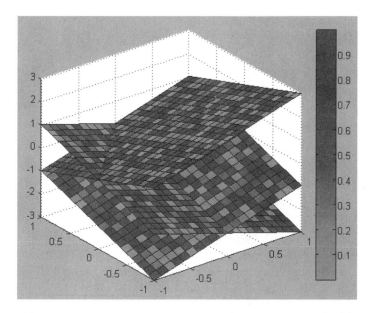

图 11-11　$x-y-z=-1$、$-x+y-z=1$ 和 $x+y-z=1$ 三平面图

【例 11. 11】　解下列三元一次方程组。

$$\begin{bmatrix} -2 & 1 & 1 \\ 1 & -2 & 1 \\ 1 & 1 & -2 \end{bmatrix} \begin{bmatrix} x \\ y \\ z \end{bmatrix} = \begin{bmatrix} 1 \\ -2 \\ 4 \end{bmatrix}$$

解：先在空间直角坐标系内画出三个平面，$2x-y-z=-1$、$-x-2y+z=-2$ 和 $x+y-2z=4$ 的图像。在 MATLAB 命令窗口，执行命令

```
>> edit equitt11.m
```

将程序修改为

```
% equitt11.m
[x,y] = meshgrid( -1:0.1:1);
z = 1 + 2 * x - y;
c = rand(size(z));
surf(x,y,z,c);
hold on;
z = -x + 2 * y - 2;
c = rand(size(z));
surf(x,y,z,c);
hold on;
z = (x + y - 4)/2;
c = rand(size(z));
```

```
surf(x,y,z,c);
hold on;colormap(cool);
colorbar;
```

再执行命令

```
Equitt11
```

屏幕上就有图形显示出来,如图 11-12 所示。这就是一个画在空间直角坐标系图上的 $2x-y-z=-1$、$-x-2y+z=-2$ 和 $x+y-2z=4$ 三平面图像。在图中能看到三个平面似乎交叉重叠在一起,看不出它们是否交于一点。用其他方法,解得本题结果为方程组无解。

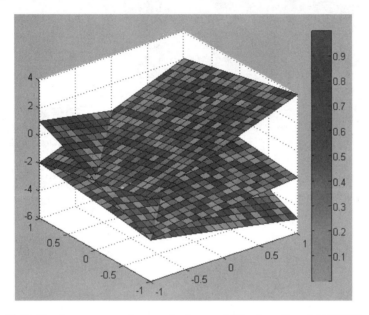

图 11-12　$2x-y-z=-1$、$-x-2y+z=-2$ 和 $x+y-2z=4$ 三平面图

【例 11.12】　解下列三元一次方程组。

$$\begin{pmatrix} 1 & 1 & 1 \\ 1 & 1 & 1 \\ 1 & 1 & 1 \end{pmatrix} \begin{pmatrix} x \\ y \\ z \end{pmatrix} = \begin{pmatrix} 1 \\ 1 \\ 1 \end{pmatrix}$$

解:先在空间直角坐标系内画出三个平面,$x+y+z=1$、$x+y+z=1$ 和 $x+y+z=1$ 的图像。在 MATLAB 命令窗口,执行命令

```
>> edit equitt12.m
```

将程序修改为

```
% equitt12.m
[x,y] = meshgrid( -1:0.1:1);
z = 1 - x - y;
c = rand(size(z));
surf(x,y,z,c);
```

```
hold on;
z = 1 - x - y;
c = rand(size(z));
surf(x, y, z, c);
hold on;
z = 1 - x - y;
c = rand(size(z));
surf(x, y, z, c);
hold on; colormap(cool);
colorbar;
```

再执行命令

Equitt12

屏幕上就有图形显示出来,如图 11-13 所示。这就是一个画在空间直角坐标系图上的 $x+y+z=1$、$x+y+z=1$ 和 $x+y+z=1$ 三平面图像。在图中只能看到一个平面,原来是三个平面重叠在一起了。故,此方程组有无穷多组解。用其他方法,解得本题结果也是有无穷多组解。

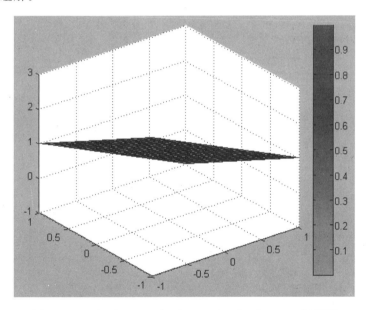

图 11-13　$x+y+z=1$、$x+y+z=1$ 和 $x+y+z=1$ 三平面图

11.3　实系数 N 元一次方程组

对于四元一次方程组,以及四元以上的一次方程组,不能用图像法解。因为我们没法想象四维空间是什么样子(零维是个点,一维是条直线,二维是平面,三维是立体空间)。解二元一次方程组可以通过在二维平面上画出两条线,根据有无交点求出解来,解三元一次方程组可以通过在三维空间画出三个平面,根据三个平面能否交于一点求出解来。对于四元及

四元以上的一次方程组无法绘出相应的图形,故不能再用图像法解题。

11.4 小结

在第 10 章,我们用图像法解过一元 N 次方程,本章用图像法解二元一次方程组和三元一次方程组。我们发现用图像法解一元一次方程和二元一次方程组——前者是在直角坐标图上看直线和 x 轴有没有交点,后者是看两条直线相互有没有交点,极易判断,效果非常好。但是,用图像法解三元一次方程组就不同了。因为只能在一个方向看三个平面交叠的立体图,不易分清是交于一点还是一线。除非该立体图能够上下、左右、前后旋转,但目前这点还不能达到。尽管如此,用图像法解三元一次方程组可以让你建立空间的概念、增加空间想象力,如和用公式法解题一起使用,效果会更好。

参 考 文 献

[1] 求是科技. MATLAB 7.0 从入门到精通[M]. 北京：人民邮电出版社, 2006.

[2] 占君, 等. MATLAB 函数查询手册[M]. 北京：机械工业出版社, 2011.

[3] 占海明, 等. 基于 MATLAB 的高等数学问题求解[M]. 北京：清华大学出版社, 2013.

[4] 刘国良, 等. MATLAB 程序设计基础教程[M]. 西安：西安电子科技大学出版社, 2012.

[5] 张德丰. MATLAB 实用数值分析[M]. 北京：清华大学出版社, 2012.

[6] 陈垚光, 等. 精通 MATLAB GUI 设计[M]. 3 版. 北京：电子工业出版社, 2013.

[7] 唐培培, 等. MATLAB 科学计算及分析[M]. 北京：电子工业出版社, 2012.

[8] 栾颖. MATLAB R2013a 工具箱手册大全[M]. 北京：清华大学出版社, 2014.

[9] 杜树春. 实用有趣的 C 语言程序[M]. 北京：清华大学出版社, 2017.